Funkschau Telecom

Hubert Zitt

Das kleine Telefon Werkbuch

Alles über Telefondosen, -stecker und -anschlußkabel ● TAE- Dosen und Telefonanlagen selbst installieren ● Anschließen von Anrufbeantwortern, Faxgeräten, Modems usw. ● Automatische Faxumschalter und Mehrfachumschalter ● Beschreibungen und Bedienungsanleitungen zu den neuen T-Net-Leistungen ● Aktuellste Informationen über Leistungsmerkmale des T-Net

Mit 77 Abbildungen
2., verbesserte Auflage

Franzis'

Die Deutsche Bibliothek – CIP-Einheitsaufnahme

Zitt, Hubert:
Das kleine Telefon-Werkbuch : alles über Telefondosen, -stecker und -anschlußkabel ; TAE-Dosen und Telefonanlagen selbst installieren ; Anschließen von Anrufbeantwortern, Faxgeräten, Modems u.s.w. ; automatische Faxumschalter und Mehrfachumschalter, Beschreibungen und Bedienungsanleitungen zu den neuen T-Net-Leistungen ; aktuellste Informationen über Leistungsmerkmale des T-Net / Hubert Zitt. - 2., verb. Aufl.- Poing : Franzis, 2000
(Funkschau : Telecom)
ISBN 3-7723-4545-X

Satz: Fotosatz Pfeifer, 82166 Gräfelfing
Druck: Offsetdruck Heinzelmann, München
Printed in Germany - Imprimé en Allemagne.

ISBN 3-7723-4545-X

Vorwort

Telefone und andere Kommunikationsgeräte wie Modems oder Faxgeräte gibt es ja mittlerweile fast überall zu kaufen. Mit dem Anschließen der Geräte wird man aber oft alleine gelassen oder bezahlt eine Menge Geld für diese Dienstleistung. Dieses kleine Buch hilft hier weiter. Es zeigt, wie Telefondosen, Telefonanlagen, Faxgeräte usw. angeschlossen werden. Außerdem beschreibt es die neuen Möglichkeiten des digitalen Telefonnetzes bei einem herkömmlichen Telefonanschluß (kein ISDN).

Das kleine Telefon-Werkbuch geht aus verschiedenen Teilen meiner ersten beiden Büchern (*Die Telekommunikations-Werkstatt* und *ISDN für PC und Telefon*) hervor. Die Kapitel zur herkömmlichen Telefontechnik und zu den Leistungsmerkmalen des digitalen T-Net habe ich komplett überarbeitet und aktualisiert. Mein Ziel war es, eine kleine, übersichtliche und preiswerte Lektüre zusammenzustellen, die für jedermann verständlich ist und dennoch keine Fragen in Bezug auf den herkömmlichen Telefonanschluß offen läßt.

Wenn man berufstätig ist und zwei Kinder hat, bleibt nicht viel Zeit um Bücher zu schreiben. Viele Väter werden mir hier beipflichten. Um so mehr bedanke ich mich bei meiner Ehefrau Ulrike Helle für das Verständnis, das sie mir beim Schreiben dieses Buches entgegengebracht hat. Meinen beiden Söhnen Jonas (er wird im Juni 1999 vier) und Robin (er kam im Februar 1998 auf die Welt) wünsche ich auf diesem Weg Gesundheit und ein langes Leben.

Bei den Lesern bedanke ich mich für das Interesse an diesem Buch. Wenn Sie Anregungen oder Kritik an mich weiterleiten wollen, können Sie dies am besten über das Internet tun. Sie erreichen mich per e-mail und über meine Internet-Homepage.

e-mail: zitt@mst.fh-kl.de
www: http://www.mst.fh-kl.de/~zitt

Auf meinen Internetseiten finden Sie übrigens auch nähere Informationen und Leseproben zu meinem Buch *ISDN für PC und Telefon.*

Januar 1999, Hubert Zitt

Inhalt

Einleitung

Telefonieren ist heute nicht mehr so einfach, wie es einmal war. Früher hatte man im wahrsten Sinne des Wortes nur eine Wahl, sie hieß Deutsche Bundespost und später Deutsche Telekom. Heute wählt man aus mehr als einem Dutzend Telefonanbietern aus. Der eine ist für Ferngespräche innerhalb Deutschland am billigsten, der andere für Auslandsgespräche. Wieder andere bieten günstige Tarife in Mobilnetze an usw. usw.

Ein Wirrwarr an Diensten und Informationen nur um zu telefonieren. Dieses Buch beschreibt jedoch nicht die Vor- und Nachteile der einzelnen Telefonanbieter, denn dann wäre es wahrscheinlich schon überholt, bevor es auf dem Markt ist. Vielmehr geht es in dieser kleinen Lektüre um das, was bei allen Telefonanbietern gleich ist, die Hardware. Genauer gesagt, die Hardware für einen herkömmlichen Telefonanschluß, also nicht für einen ISDN-Anschluß.

Zum Telefonieren wird ein Telefon benötigt, nach Wunsch auch mehrere. Wenn man mehr als nur telefonieren will, sind weitere Geräte wie Anrufbeantworter, Modem oder Faxgerät erforderlich. Um diese Geräte anzuschließen, müssen Anschlußdosen, Umschalter oder auch kleine Telefonanlagen installiert werden. Dies darf man selbst tun und kann auf dieses Weise viel Geld einsparen. Nun kommt natürlich keiner als Fernmeldetechniker auf die Welt und in der Schule lernt man für gewöhnlich auch nicht, wie Telefondosen installiert und Faxgeräte oder Modems angeschlossen werden. Obwohl all dies eigentlich nicht schwierig ist, muß man doch ein paar Dinge über die Telefontechnik wissen. Diese kleine Lektüre soll jedem, der Installationen am Telefonnetz selbst vornehmen will, ein Leitfaden dafür sein.

Neben den Beschreibungen zur Installationstechnik werden im letzten Kapitel dieses Buches die Möglichkeiten aufgeführt, die man heutzutage mit einem herkömmlichen Telefonanschluß hat. Stichworte sind hier Anklopfen, Makeln, Dreierkonferenz, Rückruf bei Besetzt, Anrufweiterschaltung, T-Net-Box usw. Diese Leistungsmerkmale gab es früher nur bei einem ISDN-Anschluß, heute stehen sie auch bei einem herkömmlichen Telefonanschluß zur Verfügung und viele davon ohne Aufpreis.

Ich verstehe dieses Buch deshalb als eine Anleitung für alle, die Installationen am Telefonanschluß selbst vornehmen wollen und auch ohne ISDN die Möglichkeiten des digitalen Telefonnetzes nutzen möchten. Außerdem ist es zugleich eine Entscheidungshilfe für diejenigen, die über einen ISDN-Anschluß nachdenken.

Beim Schreiben dieses Buches habe ich Wert darauf gelegt, daß es für „technische Laien" gut verständlich ist. Gleichzeitig wird es jedoch auch Elektrikern, Techniker, Ingenieuren sowie Studenten technischer Fachrichtungen gerecht.

1 Das Telefonnetz

1.1 Entwicklung des Telefonnetzes

Geschichte des Telefonierens

1861 Der deutsche Volksschullehrer Johann Philipp Reis stellt ein von ihm erfundenes Magnettelefon vor.

1876 Unabhängig voneinander melden die beiden US-Amerikaner Elisha Gray und Alexander Graham Bell Patente auf neue Telefone an.

1877 Gründung der „Bell Telephone Company". Fertigung von Telefonapparaten und Betreiben von Telefonverbindungen in Nordamerika.

1877 Der Deutsche Werner von Siemens verbessert das Bell'sche Telefon. In Berlin entsteht das erste deutsche Telegraphenamt mit Fernsprecheinrichtung. Die Vermittlung funktionierte „von Hand".

1889 Almon Brown Strowger erfindet die automatische Telefonvermittlung und erhält dafür ein US-Patent. Die Vermittlung funktionierte durch kodiertes Drücken von drei Tastern, die sich an jedem Telefon befanden. Später entwickelten Strowgers Partner die Wählscheibe.

1915 In den USA wird das elektromechanische Vermittlungsverfahren mit Drehwählern (siehe Kapitel 1.3.1, Impulswahlverfahren) patentiert, wie es auf ähnliche Weise heute noch in Betrieb ist.

1926 Erste Anlage nach dem Prinzip des Patentes von 1915 in Schweden.

1933 Erste Telex-Geräte am deutschen Telefonnetz.

1961 IBM Deutschland stellt ein Verfahren vor, mit dem Computerdaten über das Telefonnetz geschickt werden können. Über einen Adapter (Modem) können Computerdaten ins Telefonnetz eingespeist werden. Dies eröffnet die Möglichkeit von Datennetzen.

1966 Der US-Wissenschaftler Charles Kao verwendet erstmals Lichtleitfaser (Lichtwellenleiter) zur Übermittlung von Telefongesprächen.

Das deutsche Telefonnetz und dessen Nutzung in den letzten Jahren

1978 Das Telefon ist in fast allen deutschen Haushalten verfügbar.

1979 Entscheidung, die Vermittlungsstellen zu digitalisieren.
Erste Faxgeräte am deutschen Telefonnetz.

1982 Planung und Entscheidung für ISDN (digitales Telefonieren).

1984 Inbetriebnahme von BTX (Online-Dienst der damaligen Bundespost).

1985 Faxgeräte erobern die Büros.

1987 ISDN-Pilotprojekt wird in Deutschland gestartet.

1989 Betrieb des nationalen ISDN wird aufgenommen.

1992 Einführung von Datex-J (Fernmeldenetz von Telekom). BTX wird fortan über Datex-J abgewickelt.

1994 Einführung des europaweit einheitlichen EURO-ISDN.
Faxgeräte findet man auch immer mehr zur privaten Nutzung.
Beginn einer Fördermaßnahme für Datex-J durch deren Betreiber Telekom. Dies führt zu einem sprunghaften Anstieg von Datex-J-Anschlüssen.

1995 Beginn einer Fördermaßnahme für EURO-ISDN durch deren Betreiber Telekom. Dies führt zu einem sprunghaften Anstieg von ISDN-Anschlüssen.

1996 Ein EURO-ISDN-Anschluß kostet unter 50 DM monatliche Grundgebühr.

1997 Alle Vermittlungsstellen in Deutschland sind digitalisiert. Dies eröffnet viele neue Möglichkeiten beim Telefonieren.

1998 Das Monopol der Deutschen Telekom auf den Fernsprechdienst läuft aus, es gibt seit dem 1. Januar 1998 mehrere „Telefonanbieter".

2000 Telekom wird das nationale ISDN einstellen; es lebe EURO-ISDN.

1995, das Telefonnetz wird „getauft"

Seit Ende 1995 heißt das Telefonnetz der Deutschen Telekom T-Net. Eigentlich dürfte ich auch nicht Telefonnetz schreiben, sondern es müßte heißen Telekommunikationsnetz und dies zu recht. T-Net bietet viele moderne Leistungen, auch ohne ISDN-Anschluß. Definieren wir also T-Net noch einmal: T-Net ist das Telekommunikationsnetz der Deutschen Telekom mit neuer Qualität und vielen innovativen Leistungen.

Das Telefonnetz der Telekom hat also jetzt einen Namen, es heißt T-Net. Unter anderem ein Grund für die Benennung des Netzes war die Tatsache, daß das Monopol der Telekom auf den Fernmeldedienst mit dem Jahr 1997 ausgelaufen ist. Telekom hat jetzt also Konkurrenz. Und wenn es mehrere Anbieter und mehrere Netze gibt, dann ist es sicherlich sinnvoll, wenn man für diese Namen vergibt.

In Broschüren der Telekom ist nur noch vom T-Net oder von T-Net-ISDN die Rede. T-Net ist das Telefonnetz der Telekom und T-Net-ISDN ist der ISDN-Dienst der Telekom, der übrigens über die gleichen Leitungen zur Verfügung gestellt wird.

1.2 Struktur des Telefonnetzes

Es gibt weltweit eine Zweidraht-Infrastruktur des Telefonnetzes. Von einer Vermittlungsstelle (früher sagte man dazu Amt) aus sind sternförmig je zwei verdrillte Leitungen zu allen naheliegenden Telefonkunden verlegt. Meistens sind es mehr als zwei Leitungen, um für weitere Telefon- oder Faxanschlüsse eines Kunden gerüstet zu sein. Für einen herkömmlichen Telefonanschluß werden jedoch nur diese beiden Leitungen benötigt. Für einen ISDN-Anschluß können, wie schon erwähnt, die gleichen beiden Leitungen benutzt werden.

Zwischen den Vermittlungsstellen sind Kabel mit einigen tausend Kupferadern verlegt oder es sind Lichtwellenleiter. Was zwischen den Vermittlungsstellen abläuft, ist für den Anwender jedoch nicht von Interesse. Ich werde deshalb nicht näher darauf eingehen.

Früher funktioniert im Telefonnetz alles mit analoger Technik. Analoge Endgeräte, analoge Vermittlungsstellen und analoge Übertragungstechnik. *Abb. 1.1* soll dies veranschaulichen.

Um digitale Daten (z.B. Computerdaten oder Faxdaten) über dieses analoge Netz zu übertragen, müssen die digitalen Daten in analoge Daten umgewandelt werden. Beim Empfänger angelangt, werden die analogen Signale wieder in digitale Signale zurückverwandelt. Speziell zur Übertragung von Computerdaten werden dazu spezielle Geräte zur Anpassung benötigt, nämlich Modems. Dies wird in *Abb. 1.2* dargestellt:

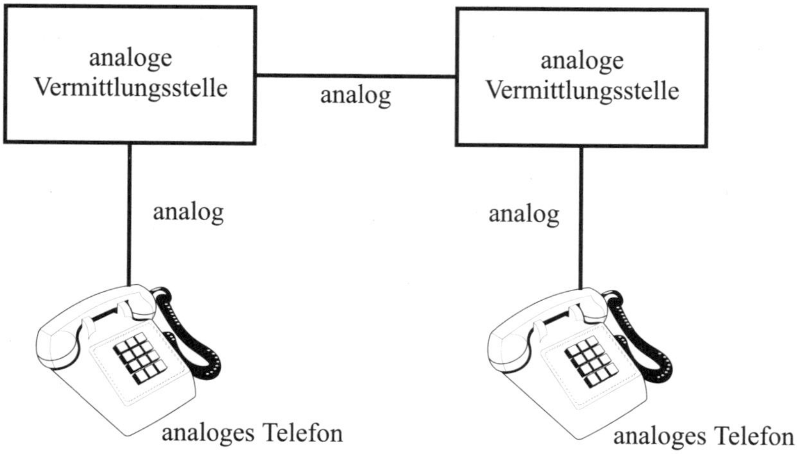

Abb. 1.1: Analoge Telefontechnik

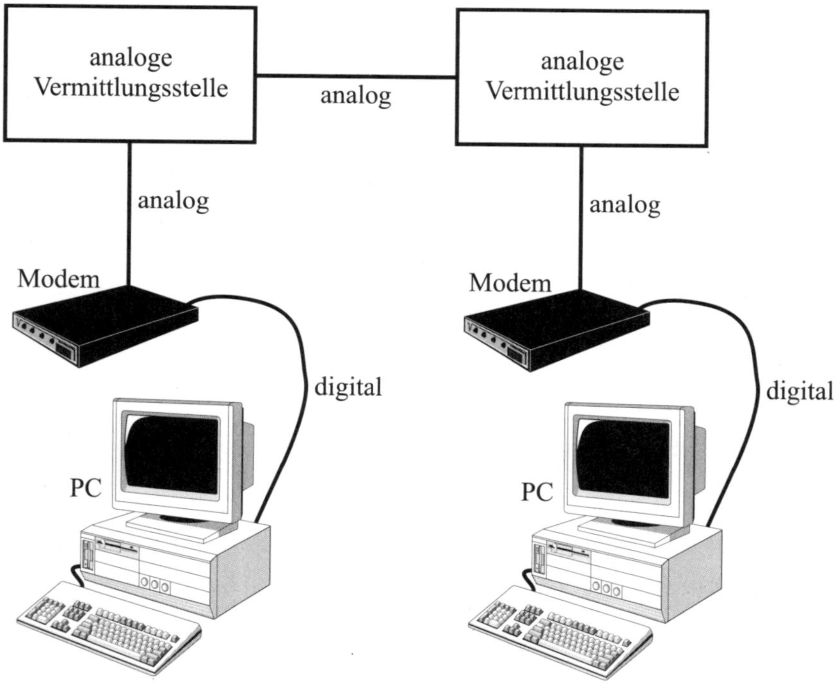

Abb. 1.2: Übertragung digitaler Daten über das analoge Telefonnetz

Seit Ende 1997 sind in Deutschland alle Vermittlungsstellen digitalisiert, d.h., die Vermittlungstechnik funktioniert nun mit speziellen Computern. Zunächst sollten dazu digitale Vermittlungsstellen für den Ortsverkehr (DIVO) und für den Fernverkehr (DIVF) gebaut werden. Dieses Konzept wurde jedoch nicht in der Form realisiert. Statt dessen sind intelligente digitale Teilnehmervermittlungsstellen (TVSt) für den Orts- und Fernbereich zuständig. Um die intelligente digitale Vermittlungsstelle von der „dummen“ analogen Vermittlungsstelle zu unterscheiden, wird im folgenden immer die Abkürzung TVSt benutzt, wenn von digitalen Vermittlungsstellen die Rede ist.

Die Digitalisierung der Vermittlungsstellen hat für die Telekom unter anderem den Vorteil, daß man Telefonteilnehmer am Bildschirm an- bzw. abmelden kann. Bei analogen Vermittlungsstellen wurden die Leitungen für einen neuen Telefonkunden an eine Anschlußleiste gelötet. Das wichtigste Werkzeug des Fernmeldebeamten in einer analogen Vermittlungsstelle war also der Lötkolben, und dies ist kein Witz.

Neben der Digitalisierung der Vermittlungsstellen selbst, wird heute zwischen den Vermittlungsstellen ebenfalls mit digitaler Technik gearbeitet. Bei einem herkömmlichen Telefonanschluß funktioniert die Übertragung vom Teilnehmer zur Vermittlungsstelle aber weiterhin analog. Der Teilnehmer merkt zunächst von der anderen Technik relativ wenig. Ein Vorteil, den man als analoger Teilnehmer an einer digitalen Vermittlungsstellen hat, ist, daß man im Tonwahlverfahren (siehe Kapitel 1.3.2) wählen kann. Dies hat unter anderem einen schnelleren Verbindungsaufbau zur Folge. Weitere Vorteile der digitalen Telefontechnik werde ich im Kapitel 9 nennen.

Abb. 1.3 zeigt die Situation bei einem heutigen Telefonanschluß. Dies ist auch die Basis, für die in diesem Buch beschriebene Installationstechnik und für die im Kapitel 9 genannten Leistungsmerkmale.

Der letzte Schritt zu einem vollkommen digitalisierten Netz ist nun der, auch die analog funktionierenden Telefone durch solche mit digitaler Technik zu ersetzen. Danach kann auch die Übertragung vom Teilnehmer zur Vermittlungsstelle mit digitaler Technik realisiert werden.

Abb. 1.4 zeigt einen ISDN*-Anschluß. Ich werde an dieser Stelle nicht näher auf ISDN eingehen. Wie schon erwähnt, habe ich zum Thema ISDN ein umfangreiches Buch geschrieben. Es trägt den Titel „ISDN für PC und Telefon“

* ISDN steht für Integrated Services Digital Network, was so viel bedeutet wie diensteintegriertes digitales Fernmeldenetz.

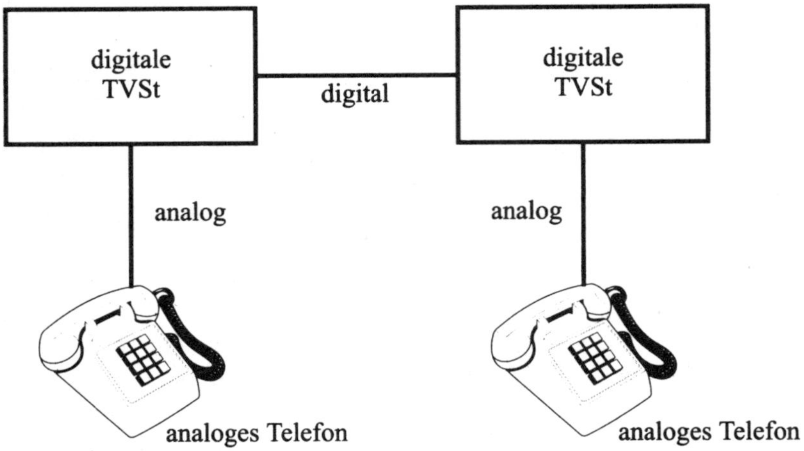

Abb. 1.3: Telefonnetz mit digitalen Vermittlungsstellen und digitaler Übertragung

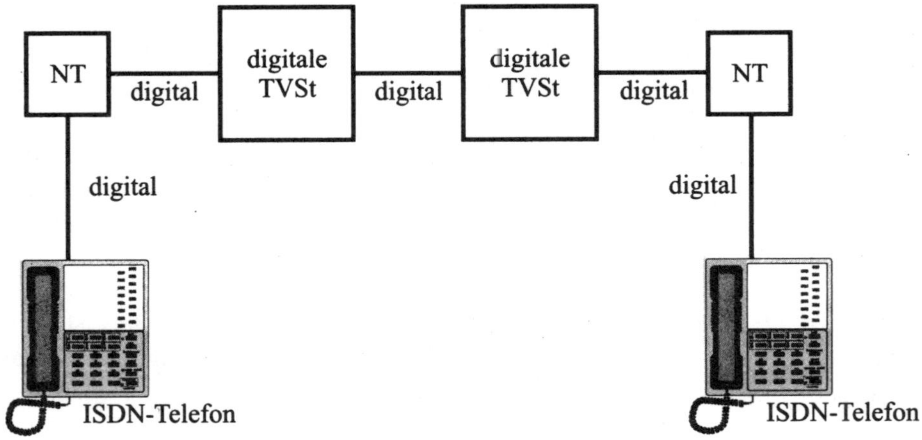

Abb. 1.4: Vollkommen digitalisiertes Telefonnetz

und beschreibt alle Anschlußmöglichkeiten, Leistungsmerkmale und Installationstechniken von ISDN. Nähere Informationen zu dem Buch finden Sie im Anhang bei den Literaturangaben und über meine Internetseiten.

1.3 Vermittlungstechniken und Wahlverfahren

Unter der Vermittlungstechnik versteht man die Technik, mit der eine Telefonverbindung aufgebaut wird. Früher geschah dies von Hand durch die „Dame vom Amt". Mit der Einführung der schon erwähnten Drehwähler (1915 in USA patentiert) wurde das Verfahren automatisiert. Die Drehwähler werden mit elektrischen Impulsen angesteuert. Daher stammt auch der Name Impulswahlverfahren.

1.3.1 Impulswahlverfahren (IWV)

Beim Wählen mit der Wählscheibe eines Telefons werden elektrische Impulse erzeugt. Beim Zurückdrehen der Scheibe wird ein Schalter immer auf- und zugemacht und zwar so oft, daß es dem Wert der Ziffer entspricht, die man gewählt hat. Beim Wählen der Ziffer 5 wird der Schalter fünfmal geschlossen und wieder geöffnet, es werden also fünf Impulse erzeugt. Bei Telefonen mit Tasten werden solche Impulse elektronisch erzeugt. Bei einer elektronischen Wahlwiederholung sieht der zeitliche Verlauf eines solchen Wählvorganges etwas so aus:

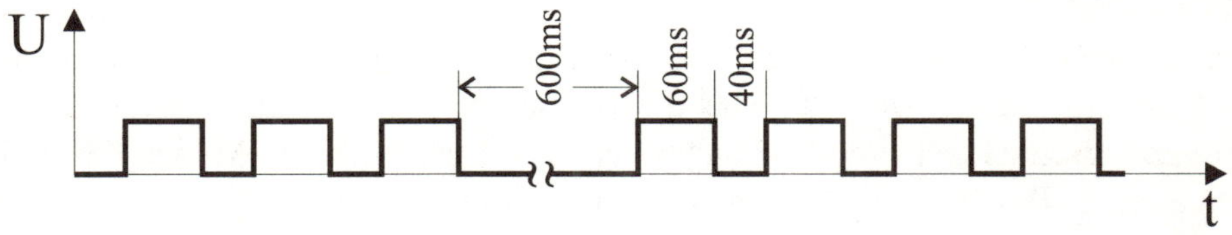

Abb. 1.5: Impulse beim Wählen

Die Kontakte sind beim Wählen ca. 40 ms geschlossen, dann 60 ms geöffnet bis sie sich für den nächsten Impuls für weitere 40 ms wieder schließen. Zwischen den Ziffern wird 600 ms gewartet. Der Wählvorgang nimmt, je nach Länge der Nummer, dann entsprechend einige zig Sekunden in Anspruch.

Jeder Impuls diente früher dazu, einen Drehwähler in der Vermittlungsstelle einen Schritt weiter drehen zu lassen. Beim Drehen des Wählers wurden Kontakte mitgeführt, die bei jedem Schaltschritt auf einer anderen Leitung endeten. Diese Leitungen waren die Telefonleitungen, die zu den einzelnen Teilnehmern führten. Durch das Drehen des Wählers wurde also der gewünschte Teilnehmer selektiert. Das Verfahren, mit elektrischen Impulsen eine Telefonverbindung aufzubauen, heißt Impulswahlverfahren (IWV) oder auch Pulswahl.

Auch wenn heute alle Vermittlungsstellen in Deutschland digitalisiert sind und es keine Drehwähler mehr gibt, das Impulswahlverfahren funktioniert weiterhin, damit ältere Telefone auch noch betrieben werden können. Schneller und komfortabler funktioniert der Verbindungsaufbau allerdings mit dem Tonwahlverfahren oder, wie es fachmännisch heißt, mit dem Mehrfrequenzwahlverfahren.

1.3.2 Mehrfrequenzwahlverfahren (MFV)

Drehwähler haben einen entscheidenden Nachteil, sie funktionieren mechanisch. Dies bedeutet nämlich zum einen, daß sie gewartet werden müssen und zum zweiten, daß es eine gewisse Abnutzung (von Lagern und Kontakten) gibt. Unter anderem aus diesem Grund wurde die Vermittlungstechnik mit Drehwählern durch eine Technik mit Transistoren und Mikroprozessoren ersetzt.

Für die Drehwähler war die Pulswahl ein geeignetes Verfahren. Die Geschwindigkeit der Impulsfolge war auf die Reaktionszeit der Drehwähler abgestimmt. Transistoren können aber viel schneller schalten als diese mechanischen Drehwähler. Ein neues Verfahren zur Ansteuerung der Transistoren wurde eingeführt, das sog. Mehrfrequenzwahlverfahren (MFV), auch Tonwahl genannt. Bei dieser Methode wird die Technik in den Vermittlungsstellen mit Tönen verschiedener Frequenz angesteuert. Dabei wird beim Wählen der null ein anderer Ton erzeugt, als beim Wählen der fünf, für jede Ziffer eben ein anderer Ton. Eigentlich sind es für jede Ziffer zwei Töne, die überlagert sind. Dies erklärt auch die englische Bezeichnung für das Mehrfrequenzwahlverfahren, nämlich Dual Tone Multifrequency, abgekürzt mit DTMF. Das MFV arbeitet nicht nur schneller als das Impulswahlverfahren, es eröffnet auch viele neue Möglichkeiten, z.B. die Fernabfrage von Anrufbeantwortern und vieles mehr.

Das Mehrfrequenzwahlverfahren funktioniert nur bei neueren Tastentelefonen. Nur die Tatsache, daß ein Telefon Tasten hat und keine Wählscheibe ist jedoch noch kein Indiz dafür, daß das Telefon auch Tonwahl kann. Bei älteren Tastentelefonen werden mit dem Tastenfeld lediglich Impulse erzeugt. Neuere Telefone können sowohl das Impulswahlverfahren als auch das Mehrfrequenzwahlverfahren. Der Bedienungsanleitung des Telefons kann man entnehmen, wie man die Art des Wahlverfahrens einstellen kann. Welches Verfahren bei einem Telefon eingestellt ist, erkennt man leicht, weil man die Töne (und auch die Impulse) ja hören kann.

Es ist völlig gleichgültig, wer oder was die Töne für diese Tonwahl erzeugt. Theoretisch könnte man auch die Töne bei einem Wählvorgang mit einem Kassettenrecorder aufnehmen und beim Abspielen des Bandes den Lautsprecher des Kassettenrecorder an den Telefonhörer halten. Auf diese Art könnte man eine Wahlwiederholung realisieren. Eine etwas weniger aufwendige Methode extern zu Wählen ist die Eingabe der Nummer mit einem MFV-Wahlgeber, besser bekannt als Gerät zur Fernabfrage eines Anrufbeantworters. Diese Geräte zur Fernabfrage, manchmal werden sie auch MFV-Signalgeber genannt, machen nämlich auch nichts anderes, als die Töne des Mehrfrequenzwahlverfahrens zu erzeugen. Daraus kann man zu Recht den Schluß ziehen, daß man zur Fernabfrage eines Anrufbeantworters bei einem Telefon mit Tonwahl kein zusätzliches Gerät benötigt. Dem Anrufbeantworter ist es egal, von wem oder was die Töne erzeugt werden. Wenn das Telefon Tonwahl kann, warum soll man dann die doch etwas umständlicher Methode mit dem Fernabfragegerät anwenden? Man gibt die in der Bedienungsanleitung des Anrufbeantworters beschrieben Tasten(kombinationen) einfach am Telefon ein. Hieraus läßt sich auch folgern, daß das Gerät zur Fernabfrage nicht spezifisch für genau den Anrufbeantworter ist, mit dem es ausgeliefert wurde. Man kann einen Anrufbeantworter mit *jedem* MFV-Signalgeber und mit *jedem* Tonwahl-Telefon fernbedienen.

Mit einem MFV-Signalgeber kann man übrigens auch mit dem ältesten Telefon über Tonwahl eine Telefonverbindung aufbauen. Man wählt einfach auf dem Signalgeber statt mit der Wählscheibe (siehe *Abb. 1.6*).

MFV-Wahlgeber gibt es auch mit der Möglichkeit Nummern zu speichern. Ein solches Gerät ist die moderne Alternative zu einem kleinen Notizbuch für Telefonnummer. Statt unterwegs an der Telefonzelle das Notizbuch auszupacken und die Nummer am Apparat zu wählen, hält man einfach den Wahlgeber an den Hörer und drückt eine Taste zum Ausgeben einer gespeicherten Tonfolge. MFV-Wahlgeber mit zehn Nummernspeichern habe ich schon für weniger als 20 DM gesehen, Wahlgeber ohne Nummernspeicher gibt es schon für ca. 5 DM.

Die Einführung des Mehrfrequenzwahlverfahrens war der Übergang von der analogen Vermittlungstechnik zur digitalen Vermittlungstechnik. Ich möchte hier nochmals darauf hinweisen, daß bei einem herkömmlichen Telefonanschluß, im Gegensatz zu ISDN, lediglich die Vermittlungstechnik digital arbeitet. Die Übertragungstechnik von der Vermittlungsstelle zum Teilnehmer und

Abb. 1.6: Der MFV-Signalgeber macht Töne

die Endgeräte (Telefon, Fax usw.) funktionieren weiterhin analog. Bei ISDN wurde, wie aus Abbildung 1.4 zu erkennen ist, nicht nur die Vermittlungstechnik digitalisiert, sondern auch die Übertragungstechnik von der Vermittlungsstelle zum Teilnehmer. Auch die Endgeräte arbeiten bei ISDN digital und Impulswahl oder Tonwahl hat es bei ISDN noch nie gegeben.

Eine digitale Vermittlungsstelle arbeitet also statt mit Drehwählern mit Transistoren. Die Koordination der Vermittlungen übernimmt ein spezieller Computer. Dadurch kann nun auch die Gebührenerfassung, die Vergabe einer neuen Nummer usw. am Bildschirm durchgeführt werden. Bei der Vergabe einer neuen Nummer mußte der Mitarbeiter in der Vermittlungsstelle früher den Lötkolben heiß machen. Heute setzt er sich an einen Rechner und gibt die neue Nummer über die Tastatur ein.

Die digitalen Vermittlungsstellen bieten aber auch dem Teilnehmer mehr Leistung und Komfort. So können Teilnehmer mit einem herkömmlichen Anschluß, die an einer digitalen Vermittlungsstelle angeschlossen sind, Dienste nutzen wie Rückfrage/Makeln, Anklopfen und Dreierkonferenz. Es kann die Rufnummer oder sogar der Name eines anrufenden Teilnehmers angezeigt werden, noch bevor man den Hörer abhebt. Weiterhin kann eine detaillierte Rechnung erstellt werden, das heißt, Sie bekommen mit der Telefonrechnung eine Einzelverbindungsübersicht, bei der jedes abgehende Gespräch mit Datum, Uhrzeit, Dauer, Telefonnummer, Zielortsnetz, Tarifart, Anzahl der Einheiten und Kosten in DM aufgelistet wird. Solche Leistungen sind bei ISDN Standard, können aber auch mit einem herkömmlichen Anschluß genutzt werden. Voraussetzung hierfür ist lediglich, daß man an eine voll digitalisierte Vermittlungsstelle angeschlossen ist. Da es in Deutschland keine analogen Vermittlungsstellen mehr gibt, kann dies heute für jeden Telefonanschluß beantragt werden. Was Makeln, Anklopfen und Dreierkonferenz überhaupt ist, und wie man diese Leistungen mit einem herkömmlichen Anschluß nutzen kann, wird im Kapitel 9 erläutert.

Ein letztes noch zum Thema Mehrfrequenzwahlverfahren: Jede Tastatur an Telefonen, Faxgeräten, Wahlgebern usw. hat nicht zehn, sondern zwölf Tasten. Zu den zehn Ziffern kommt noch eine Taste mit einem Stern und eine Taste mit einer Raute. Es haben sich hier die Bezeichnungen Stern-Taste und Raute-Taste durchgesetzt. Beim Drücken einer dieser Tasten werden ebenfalls Töne erzeugt, die jedoch für spezielle Zwecke eingesetzt werden. Bei Impulswahl haben die Stern- und die Raute-Taste keine Bedeutung.

Als Beispiel für die Funktion der Raute-Taste will ich das Computertelefonen für Scall-Nachrichten nennen. Ein Scall ist dieser kleine Piepser, den man für unter 100 DM kaufen kann und der keine monatlichen Grundgebühren kostet. Sie kennen den Scall wahrscheinlich aus der TV-Werbung, es gibt ihn auch in einer Armbanduhr integriert. Um jemanden mit einem Scall anzupiepsen, wählt man eine bestimmte Nummer und wird dann mit einem Computertelefon verbunden. Im Mehrfrequenzwahlverfahren gibt man dann über die Tastatur eine Nummer ein, die dann im Display des Scalls erscheint. Dies ist in den meisten Fällen die Nummer, die der „Angepiepste“ zurückrufen soll. (Bei Impulswahl wird die Nummer dem Computer per Sprache übermittelt; dies ist mühselig und langatmig. Hier wird der Vorteil des Mehrfrequenzwahlverfahrens deutlich.) Damit der Computer weiß, wann die Nummer, die man als Anrufer eingibt, zu Ende ist, drückt man nach der letzten Ziffer die Raute-Taste.

Auch für die neuen Leistungsmerkmale beim herkömmlichen Telefonanschluß kommen die beiden Tasten Stern und Raute zum Einsatz. Mehr dazu, wie schon erwähnt, im Kapitel 9.

1.4 Technische Details des Telefonnetzes

1.4.1 Aufbau einer Telefonverbindung

Telefonieren ist etwas Alltägliches. Hier muß man doch nichts beachten, werden die meistens sagen. Wenn es dann zu einer Falschwahl kommt, wenn man sich also mit der Floskel entschuldigt „Oh Verzeihung, da habe ich mich verwählt“ kommt niemand auf die Idee, daß dies die Folge eines Bedienungsfehlers sein könnte. Was ich immer wieder beobachte ist, daß Leute den Hörer abheben und sofort anfangen zu wählen, ohne den Wählton (Freiton) abzuwarten. Warum heißt denn der Wählton eigentlich Wählton? Er soll dem Teilnehmer signalisieren, daß die Vermittlungsstelle nun bereit ist, auf eine Eingabe von Ziffern zu reagieren. In den meisten Fällen erhält man den Wählton sehr schnell. Wenn man aber wählt, bevor man einen Wählton erhält, kann es zu Falschwahl kommen, die man in diesem Fall selbst verschuldet hat. Haben Sie das gewußt? Es steht in jedem Telefonbuch, aber wer liest schon das Telefonbuch. Es gibt darin einfach zu wenig Handlung bei zu vielen Mitwirkenden.

Ich will hier in ein paar Punkten einmal auflisten, welche Funktionen beim Aufbau einer normalen Telefonverbindung von den Vermittlungsstellen ausgeführt werden. Dadurch gewinnt man ein besseres Verständnis dafür, warum man z.B. erst wählen kann, wenn man den Wählton erhält.

- Voraussetzung: Anrufer und derjenige, der angerufen werden soll, telefonieren zur Zeit nicht, d.h. die Hörer sind bei beiden aufgelegt.
- Der Anrufer hebt den Hörer ab. Die Vermittlungsstelle erkennt dies, schaltet ihn auf und sendet den Wählton. (Dies hat früher mit den Drehwählern schon mal zwei Sekunden gedauert.) Erst dann ist die Vermittlungsstelle bereit, ankommende Signale zum Aufbau einer Verbindung (Töne oder Impulse) aufzunehmen.
- Der Anrufer beginnt zu wählen. Die Vermittlungsstelle stoppt den Wählton und speichert die gewählte Ziffer.
- Der Anrufer wählt weiter. Die Vermittlungsstelle speichert die eingehenden Ziffern und beginnt damit, eine Verbindung zum anderen Teilnehmer aufzubauen.
- Wenn die Nummer vollständig eingegeben ist, werden keine weiteren Ziffern mehr ausgewertet. (Wenn es in irgend einem Ortsnetz die Telefonnummer 7380 gibt, dann kann es die Nummer 73805 nicht geben. Nach der null ist man ja schon bei einem Teilnehmer, was soll denn da noch kommen? Die Möglichkeit von Durchwahlnummern sei hier mal ausgeschlossen.)

- Falls eine Strecke zum angerufenen Teilnehmer frei ist, wird der Rufton auf die Leitung geschaltet. Der Anrufer hört den Rufton, das Telefon des Angerufenen klingelt aufgrund des Rufstroms.
- Der Angerufene hebt den Hörer ab. Der Rufton wird abgeschaltet und die Teilnehmer werden verbunden.
- Die Verbindung besteht bis einer der Teilnehmer auflegt. Wenn der Anrufer auflegt, wird die Verbindung sofort unterbrochen, wenn der Angerufene auflegt erst nach einer kurzen Verzögerungszeit. Diese Verzögerungszeit kann von Vorteil sein, wenn einem der Hörer beim Abheben nochmals auf die Gabel fällt. Es wäre ärgerlich, wenn dadurch die Verbindung unterbrochen wird und der Anrufer eine Einheit aufgebrummt bekommt. Durch die Verzögerungszeit wird die Verbindung weiterhin für kurze Zeit gehalten. Der Angerufene greift erneut zum Hörer, meldet sich und wundert sich in aller Regel nicht, daß die Verbindung nicht unterbrochen wurde.

1.4.2 Wann ist eine Leitung besetzt?

Der Besetztton wird von vielen Leuten nur auf eine Art interpretiert: Derjenige oder diejenige den/die man anrufen will, hängt schon wieder an der Strippe. Das muß nicht so sein, nur weil die Leitung besetzt ist. Es gibt mindestens vier Gründe, warum eine Verbindung zu einem Teilnehmer nicht hergestellt werden kann und man einen Besetztton bekommt.

Das Telefonnetz ist nicht dafür ausgelegt, daß alle Teilnehmer gleichzeitig telefonieren können. Dies wäre auch eine unnötige Verschwendung von Leitungen, weil ja nie alle Teilnehmer zur gleichen Zeit telefonieren. Natürlich ist das Netz in einem Gebiet, in dem viel telefoniert wird (z.B. in einem Bankenviertel) anders ausgelegt als in einem reinen Wohngebiet.

Wir gehen einmal davon aus, daß in einem Wohngebiet 24 von 100 Teilnehmern gleichzeitig telefonieren können. Warum gerade 24? Nun, in den Vermittlungsstellen mit Drehwähler waren oft 24 sog. Anrufsucher parallel geschaltet. Ein Anrufsucher ist mit einem Drehwähler vergleichbar, diente jedoch zum Aufschalten eines Teilnehmers auf das Amt, wenn dieser den Hörer abgehoben hat. An einem solchen Anrufsucher endeten 100 Telefonleitungen. Nehmen wir einmal an, es wären die Nummern 7300 bis 7399. Sobald nun ein Teilnehmer den Hörer abgehoben hatte, drehte der Anrufsucher auf die Leitung dieses Teilnehmers und schaltete ihn aufs Amt. Erst wenn dies passiert war, bekam der Teilnehmer den Wählton. 24 von diesen Anrufsuchern waren parallel geschaltet, d.h. es konnten von den 100 Teilnehmern mit den Nummern 7300 bis 7399 maximal 24 gleichzeitig aufgeschaltet werden. Wenn der 25. Teilnehmer aus dieser 73er-Gruppe den Hörer abgehoben hatte, bekam dieser keinen Wählton mehr, sondern den Besetztton. Bei den wenigsten dürfte dies schon einmal vorgekommen sein. Theoretisch ist es aber möglich, daß man beim Abheben des Hörers schon gleich den Besetztton bekommt und nicht telefonieren kann. Auch die heutigen Vermittlungsstellen können nicht alle Teilnehmer gleichzeitig aufschalten, d.h. so etwas kann Ihnen auch heute noch passieren.

Zwischen den Vermittlungsstellen gibt es nicht unendlich viele Leitungen. Wenn es z.B. zwischen Berlin und Bonn 5000 Leitungen gibt und diese sind alle belegt, wird der 5001. Teilnehmer, der von Bonn nach Berlin telefonieren will, den Besetztton bekommen. Dies ist nun schon der zweite Fall, bei dem man einen Besetztton bekommt, auch wenn der Teilnehmer, den man angewählt hat, nicht telefoniert.

Der dritte Fall, in dem man einen Besetztton bekommt ist der, daß bei einem Teilnehmer gleichzeitig auch jemand anders anruft. Mit anderen Worten, bei dem gewünschten Teilnehmer klingelt gerade das Telefon. In dem Fall ist der Anschluß eines analogen Teilnehmers (bei ISDN ist dies nicht so) besetzt, obwohl dieser vielleicht gar nicht zu Hause ist. Kurze Zeit später ruft man erneut an, der Anschluß ist jetzt frei aber es hebt eventuell niemand ab. Zu denken: „Der oder die hat doch gerade noch telefoniert.“ kann ein Trugschluß sein.

Meistens haben Sie aber Recht, wenn sie sagen „Der oder die hängt ja schon wieder an der Strippe.“ Dieser vierte Fall ist wohl der häufigste, bei dem man einen Besetztton bekommt, zumindest bei einem herkömmlichen Telefonanschluß. Wenn ein ISDN-Teilnehmer telefoniert, bekommt ein Anrufer keinen Besetztton, sondern den Rufton. Dem ISDN-Teilnehmer wird der ankommende Ruf während des Gesprächs optisch und/oder akustisch signalisiert. Dies ist dank der digitalen Vermittlungsstellen auch bei einem herkömmlichen Telefonanschluß möglich. Hier wieder ein Verweis auf Kapitel 9.

1.4.3 Bandbreite des Telefonnetzes

Bei all den Möglichkeiten, die das Telefonnetz bietet, rufen wir uns mal ins Gedächtnis, was der ursprüngliche Verwendungszweck des Telefonnetzes war. Über die Leitungen sollte menschliche Sprache übertragen werden. Genau für diesen Zweck wurde das Telefonnetz vor ein paar Jahrzehnten ausgelegt und auch dimensioniert. Alle Verstärker und Leitungen wurden so gewählt, daß menschliche Sprache gut verständlich übertragen werden konnte, ohne dabei unnötig teuere Verstärker einzusetzen und zu viel Rauschen auf den Leitungen zu haben.

Zur Auslegung der Verstärker und Leitungen im Telefonnetz wurde eine Analyse der Sprache bezüglich der Verständlichkeit durchgeführt. Dabei hat man festgestellt, daß für eine gute Verständlichkeit alle Frequenzen zwischen 300 Hz* und 3400 Hz übertragen werden müssen. Nach diesen Werten wurde das Telefonnetz aufgebaut und so ist es auch heute noch für herkömmliche Anschlüsse ausgelegt. Man sagt, der Übertragungskanal (Sprechkanal) des Telefonnetzes hat eine Bandbreite von 3100 Hz, also die Differenz aus 3400 Hz und 300 Hz.

Das Frequenzspektrum der menschlichen Sprache enthält auch Frequenzen außerhalb dieser Bandbreite mit der unteren Grenze von 300 Hz und der oberen Grenze von 3400 Hz. Deshalb klingt die Sprache über das Telefon immer etwas dumpf. Einen direkten Vergleich hat man, wenn man Radio hört. (UKW-Radio hat eine Bandbreite von ca. 15.000 Hz.) Wenn sich der Moderator mit jemandem am Telefon unterhält, klingt die Stimme des Telefonteilnehmers dumpfer als die des Radiosprechers. Die Qualität der Übertragung über das Telefon ist also schlechter als bei Radio. Worauf es beim Telefon jedoch ankommt, ist die Verständlichkeit und nicht eine Hi-Fi-Qualität. Zur reinen Verständlichkeit ist eine Bandbreite von 3100 Hz ausreichend. ISDN hat übrigens eine Bandbreite von 7000 Hz zur Übermittlung von Sprache. Wir können daraus schließen: ISDN klingt besser! Dies ist ein weiterer Vorteil von ISDN, gegenüber der konventionellen Telefontechnik.

Durch die Bandbreite eines Übertragungskanals wird die Übertragungsgeschwindigkeit z.B. bei der Datenfernübertragung oder beim Faxen begrenzt. Wenn das Telefonnetz mehr Bandbreite hätte, wenn also z.B. alle Frequenzen zwischen 300 Hz und 7000 Hz übertragen werden würden, könnte man auch mit höherer Geschwindigkeit Daten über das Netz übertragen. Eine Faxseite bräuchte dann nur die Hälfte der Zeit zur Übertragung. An Datenfernübertragung hat damals noch niemand gedacht. Bei der Entwicklung von ISDN wurde die Datenfernübertragung sehr wohl berücksichtigt. Deshalb wurde ISDN auch mit mehr Bandbreite ausgelegt, als das herkömmliche Telefonnetz.

* Hz, Abkürzung von Hertz, Einheit für Schwingungen pro Sekunde, benannt nach dem deutschen Physiker Heinrich Rudolf Hertz (1857 bis 1894).

2 Telefonanschluß

Telefone, Anrufbeantworter, Faxgeräte und auch Modems gibt es überall zu kaufen. Wie schließt man diese Geräte jetzt aber an und zwar so, daß sie zum ersten funktionieren und zum zweiten dort stehen, wo man sie braucht und nicht etwa dort, wo sich zufällig eine Anschlußdose befindet? In den folgenden Kapiteln will ich zeigen, wie man die verschiedenen Endgeräte anschließt, wie man Telefondosen selbst installiert, wie Telefondosen angeschlossen werden und vieles mehr. Dazu zählt unter anderem auch das Anschließen von Importgeräten wie Funktelefone, die in den USA ja bekanntlich um vieles preiswerter sind als in Deutschland. Bevor ich beschreibe, wie man Telefone, Faxgeräte, Anrufbeantworter, Telefondosen, Faxumschalter, Telefonanlagen usw. selbst installiert, möchte ich zunächst etwas näher auf den Telefonanschluß eingehen.

2.1 Früher war alles anders

Früher war alles anders. Die Deutsche Bundespost hatte das Monopol auf den Fernsprechdienst und das Telefon war nur Mittel zum Zweck, ein grauer Apparat mit einem Hörer dran. Heute gibt es schöne und komfortable Telefone und man kann selbst entscheiden, welches Telefon man benutzt, vorausgesetzt es hat eine BZT-Nummer. BZT steht für Bundesamt für Zulassungen in der Telekommunikation. Vor 1993 war es die ZZF-Nummer (Zentralamt für Zulassungen im Fernmeldewesen) und noch vorher hat man gesagt das Gerät ist postzugelassen. Jedes Gerät mit einer solchen ZZF-Nummer oder BZT-Nummer darf am Netz der Telekom betrieben werden, wenn man es den Bestimmungen nach anschließt.

Früher war alles anders. Die Deutsche Bundespost hatte das Monopol auf den Fernmeldedienst und das Telefon war lediglich eine Leihgabe. Telefone waren in Deutschland nicht käuflich. Zwar konnte man im Ausland Telefone käuflich erwerben, aber wehe dem, der irgend etwas ans Telefonnetz selbst angeschlossen hat. Heute ist es üblich, daß man sich von der Telekom lediglich einen Anschluß ins Haus legen läßt und sein(e) eigenes/eigenen Telefon(e) betreibt.

Zwar gibt es Telefone und andere Endgeräte auch noch zu leihen, aber die Tendenz geht doch dahin, eigene Geräte zu benutzen. Nicht zuletzt ist da auch noch die Kostenfrage. Die monatliche Miete liegt zur Zeit für eines der billigsten Geräte bei ca. 5 DM und der Kaufpreis liegt bei ca. 100 DM. Mit ein paar Mathematikkenntnissen kommt man schnell darauf, daß sich ein eigenes Telefon schon nach zwei Jahren rechnet.

2.2 Telefonanschluß heute

Das An-, Um- oder Abmelden eines Telefonanschlusses erledigt man im T-Punkt. Früher hieß der T-Punkt einfach Telefonladen oder Telekom-Laden, Namen, die eigentlich recht anschaulich waren. Jetzt hat sich hier jedoch auch der Abkürzungsfimmel (Akf.) der Telekom durchgesetzt. Diesen Akf. bemerkt man auch sehr deutlich im folgenden Kapitel. Aus diesem Grund sei hier erwähnt, daß im Anhang dieses Buches alle benutzten Abkürzungen erläutert werden.

Mal angenommen, Sie waren im T-Punkt und haben einen herkömmlichen Telefonanschluß beantragt. Nach einiger Zeit bekommen Sie eine schriftliche Mitteilung, daß zu einem bestimmten Termin ein Mitarbeiter oder eine Mitarbeiterin der Telekom (oder einer Firma, die im Auftrag der Telekom arbeitet) vorbeikommt. Dieser oder diese prüft zunächst, ob die Leitung von der Teilnehmervermittlungsstelle (TVSt) aus geschaltet ist. Wenn der Monteur feststellt, daß die Leitung OK ist, steht dem Telefonanschluß nichts mehr im Wege.

Falls noch nicht geschehen, legt der Telekom-Monteur nun vom APL aus eine Leitung an eine TAE-Dose und schließt dort noch einen PPA an. So, hier haben wir es schon, drei Abkürzungen in einem Satz. Schauen wir uns dies zunächst in einer Grafik an (*Abb. 2.1*) und dann mal der Reihe nach.

APL

Der APL (Abschlußpunkt des allgemeinen Leitungsnetzes) ist der Kasten, der heute meist im Keller sitzt (früher wurde er außen montiert) und in den ein etwas dickeres Fernmeldekabel endet (siehe *Abb. 2.2*). Einen APL sollte es in jedem Haus geben, egal ob in diesem Haus ein Telefon angemeldet ist oder nicht. Früher hieß der APL übrigens EV oder EVZ für Endverzweiger. Der APL hat heute meist eine rechteckige Form, es gibt jedoch auch noch APLs in Form einer Glocke.

In Abbildung 2.1 links sind die Leitungen zu sehen, die von der TVSt kommen. Die beiden Leitungen die rechts angeschlossen sind, führen zur TAE-Dose.

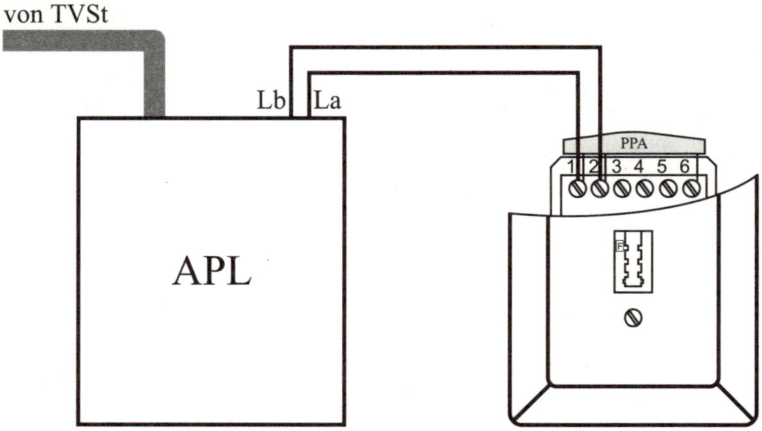

Abb. 2.1: Standardtelefonanschluß, wie ihn der Mitarbeiter von Telekom verlegt

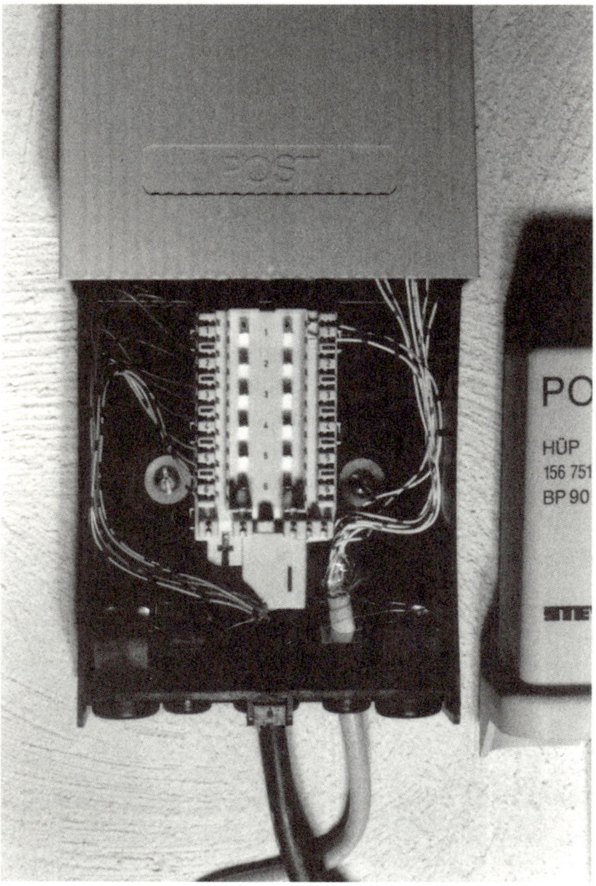

Abb. 2.2: APL (Abschlußpunkt des allg. Leitungsnetzes) in einem Einfamilienhaus

Telefonkabel

Vom APL aus legt der Mann oder die Frau von der Telekom, meist ein vieradriges Kabel in den Wohnbereich, wo eine TAE-Dose installiert wird. Von den vier Adern werden, wie aus Abb. 2.1 zu erkennen ist, nur zwei Adern angeschlossen. Ein vieradriges Telefonkabel der Telekom ist hier abgebildet.

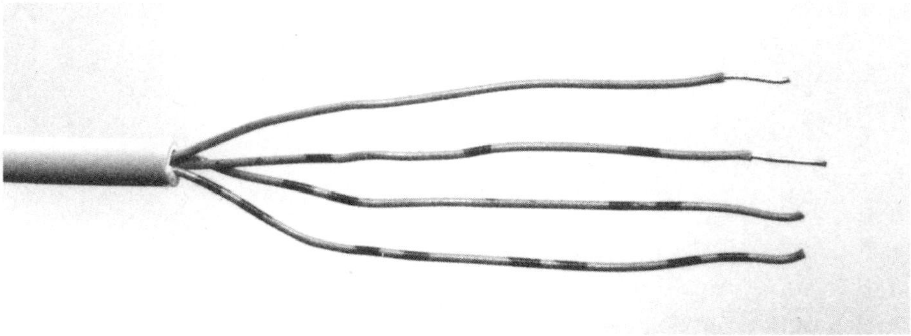

Abb. 2.3: Vieradriges Telefonkabel

Wie man sieht, sind die einzelnen Drähte mit Farbringen an der Isolierung kodiert. Auf die Frage, welcher Draht nun wo angeschlossen wird, will ich später eingehen. Hier sein noch angemerkt, daß Telefonkabel anderer Firmen (z.B. Siemens) andere Farbkodierungen an den Leitungen haben. Siemens-Kabel haben eine rote, eine schwarze, eine weiße und eine gelbe Isolierung an den einzelnen Drähten.

TAE-Dose

Neuere Anschlußdosen für analoge Endgeräte wie Telefone, Anrufbeantworter, Faxgeräte, Gebührenzähler, Modems usw. haben die Bezeichnung TAE (Telefon-Anschluß-Einheit). Es hat sich allgemein die Bezeichnung TAE-Dose durchgesetzt. *Abbildung 2.4* zeigt verschiedene TAE-Dosen. Auf die unterschiedlichen Ausführungen werde ich im Kapitel 3 näher eingehen.

Man braucht La und Lb

Zum Telefonieren benötigt man zwei Leitungen, Telekom-Menschen sprechen von einer Doppelleitung. Diese beiden Leitungen müssen vom APL aus auf dem ersten und dem zweiten Kontakt einer TAE-Dose aufgelegt werden. Die Leitungen heißen bei Telekom a und b bzw. La und Lb, wobei La auf Kontakt 1 aufgelegt wird und Lb auf Kontakt 2. Für La wird bei Telekom-Kabeln der Draht ohne schwarze Ringe benutzt, bei Siemens-Kabeln der rote Draht. Für Lb ist es üblich den Draht mit einem Ring zu benutzen und bei Siemens-Ka-

Abb. 2.4: Verschiedene TAE-Dosen

beln den schwarzen. Die beiden übrigen Leitungen werden bei einem Einfachanschluß nicht benötigt. Man kann sich leicht vorstellen, daß diese sehr nützlich sind, wenn man zum Beispiel einen zweiten Anschluß für ein Faxgerät beantragt. Manchmal ist es auch nötig, mehr als zwei Adern aufzulegen. Mehr dazu später.

Welche Leitung ist denn nun La und welche ist Lb?

Wenn alles ordnungsgemäß angeschlossen ist, liegt La auf Kontakt 1 und Lb auf Kontakt 2. Sie hätten ja aber dieses Buch nicht gekauft, wenn sie nicht vorhätten, selbst Änderungen an ihrer Telefonanlage vorzunehmen. Somit wird es also auch andere Leute geben, die selbst Änderungen an den Telefonleitungen vorgenommen haben. Diese Leute hatten vielleicht nicht dieses gute und anschauliche Buch und somit könnte es sein, daß sie La und Lb vertauscht haben. Auf diese sog. a/b-Vertauschung will ich später noch näher eingehen.

Welche Leitung nun La und welche Lb ist, kann man nachmessen. Das Telefonnetz funktioniert mit Gleichspannung. Ein Voltmeter (im Gleichspannungsbereich) zeigt je nach Polung zwischen La und Lb ca. +60 Volt bzw. -60 Volt an. Dabei liegt Lb auf Erdpotential und La etwa auf minus 60 Volt. Eine Spannungsmessung (im Gleichspannungsbereich) zwischen La und dem Schutzkontakt einer Steckdose (einer der beiden sichtbaren Metallzapfen) müßte also etwa -60 Volt anzeigen, eine Spannungsmessung zwischen Lb und dem Schutzkontakt einer Steckdose müßte 0 Volt anzeigen. Auf den Punkt gebracht: Die Leitung, an der man *minus* 60 Volt mißt, ist La. *Abbildung 2.5* zeigt eine solche Messung.

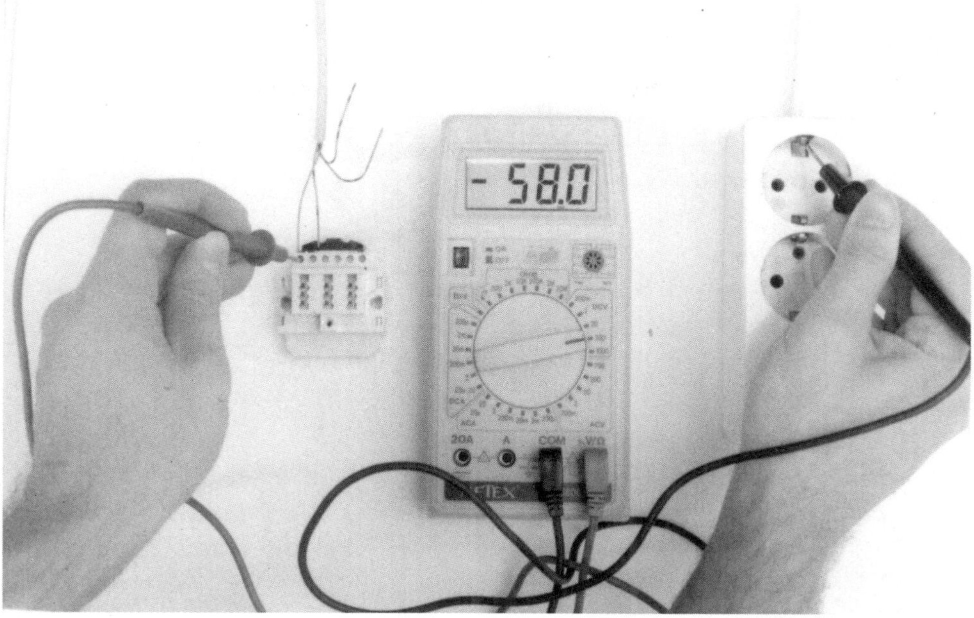

Abb. 2.5: Spannungsmessung zwischen La und dem Schutzkontakt einer Steckdose

PPA

An die Klemmen 1, 2 und 6 der TAE-Dose schließt der Telekom-Monteur noch den PPA (Passiver Prüf-Abschluß) an. *Abbildung 2.6* zeigt eine TAE-Dose mit PPA und angeschlossenen Leitungen an den Klemmen 1 und 2.

Aus Abbildung 2.8 geht hervor, daß der Anschluß an Klemme 6 (rechts außen) nur der Befestigung dient.

Der PPA beeinflußt überhaupt nicht die Funktionalität des Telefonnetzes, mit anderen Worten, man könnte ihn auch weglassen. Natürlich hat der PPA auch seine Daseinsberechtigung, nämlich dann, wenn der Telefonkunde eine Störung meldet. Mit Hilfe des PPA kann nämlich die Telekom von der Vermittlungsstelle aus sehr schnell feststellen, ob die Störung im Telefonnetz liegt oder in der Anlage des Telefonkunden, sprich nach dem PPA. Bis zum PPA unterliegt die Funktionalität des Netzes der Telekom, ab dem PPA dem Telefonkunden. Liegt also eine Störung vor dem PPA vor, dann wird dies von der Telekom repariert. Liegt aber die Störung irgendwo in der Anlage des Telefonkunden, also nach dem PPA, dann muß der Telefonkunde selbst für die Reparatur sorgen und trägt auch die Kosten.

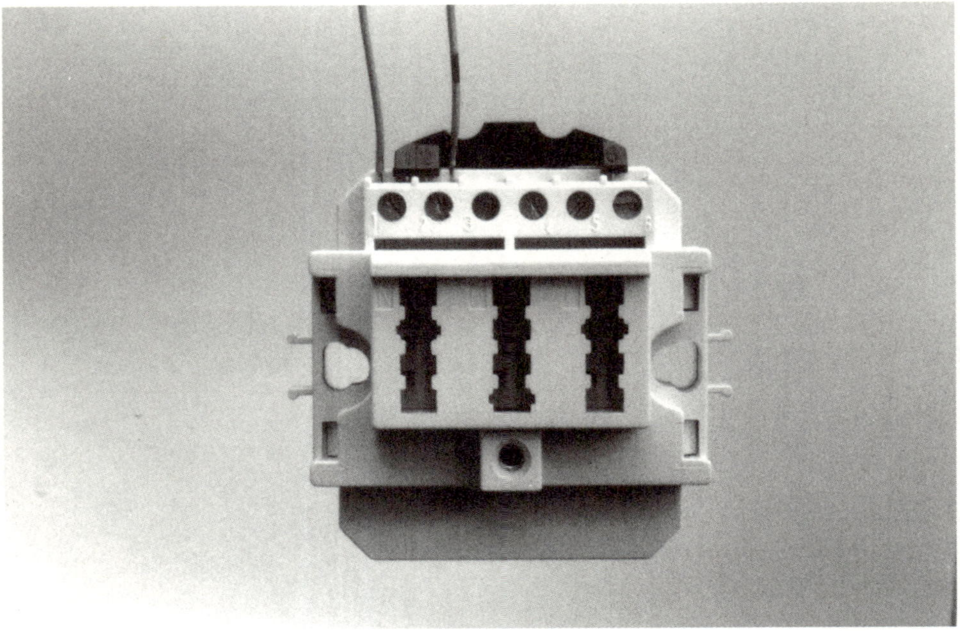

Abb. 2.6: TAE-Dose mit PPA

Um die Verfahrensweise der Telekom beim Nachmessen der Leitung besser zu verstehen, ist es hilfreich, das Innenleben eines solchen PPA zu zeigen.

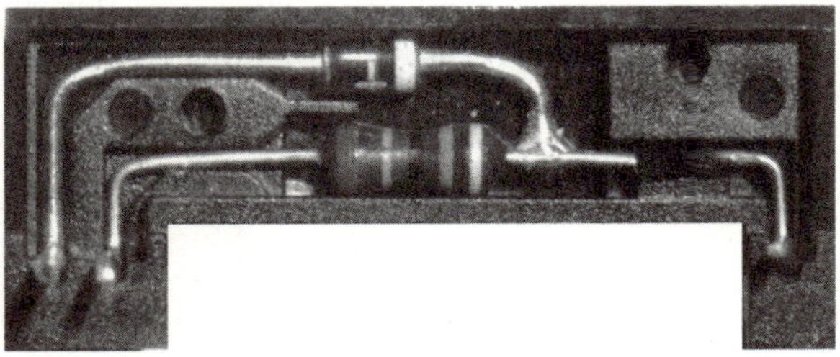

Abb. 2.7: Innenleben eines PPA

Schematisch sieht das dann so aus:

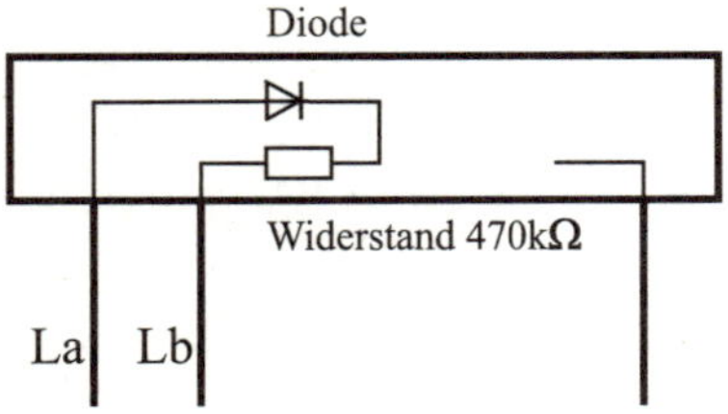

Abb. 2.8: Innenleben eines PPA schematisch

Es folgt jetzt ein kleiner Ausflug in die Elektronik. Die folgenden Zeilen sind für das weitere Verständnis des Buches nicht von Bedeutung, Sie können sie also auch überspringen.

Normalerweise liegt La auf minus 60 Volt und Lb auf Erdpotential. Dies bedeutet, daß die Diode sperrt und der PPA keinerlei Bedeutung hat. Beim Nachmessen der Leitung vertauscht die Telekom in der Vermittlungsstelle La und Lb und mißt dann den Widerstand der Leitung. Nach dem Vertauschen kann durch die Diode Strom fließen und die Leitung kann durchgemessen werden. Wenn bei dieser Messung ein zu erwartender Wert herauskommt, geht die Telekom davon aus, daß der Fehler nicht im Telefonnetz, also nicht in ihrem Zuständigkeitsbereich liegt. Für die Telekom ist damit der Fall erledigt, denn für eventuelle Fehler in der Anlage nach dem PPA ist der Telefonkunde selbst zuständig.

Resultat

Nach diesem kurzen technischen Ausflug wieder zurück zu unserem Telekom-Mann oder der Telekom-Frau der/die unseren Telefonanschluß gelegt hat. Vom APL aus wurde also ein Kabel zur TAE-Dose im Wohnbereich gelegt, und ein PPA wurde an die TAE-Dose angeschlossen. Das Einfachste ist jetzt natürlich, so wie es das nächste Bild zeigt, den Stecker eines Telefons in diese TAE-Dose zu stecken und zu telefonieren.

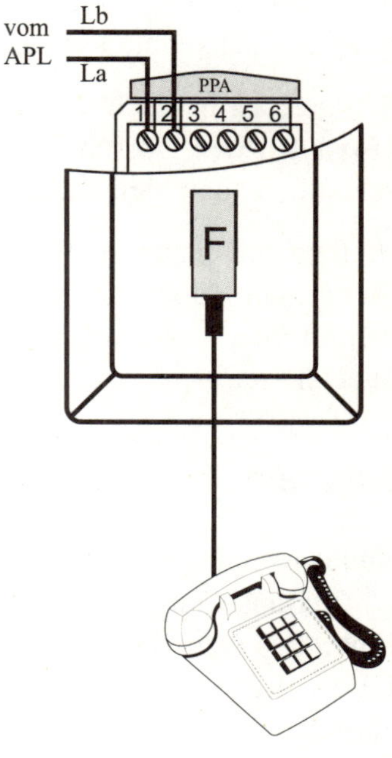

Abb. 2.9: Telefon an der TAE-Dose

So oder so ähnlich sieht in der Regel der herkömmliche Telefonanschluß im privaten Bereich aus. Vielleicht sind auch mehrere TAE-Dosen und mehrere Endgeräte installiert. Bevor wir uns mit dem Ausbau eines solchen Anschlusses mit weiteren TAE-Dosen oder Umschaltern usw. beschäftigen, will ich noch auf die a/b-Vertauschung eingehen und auf das Thema: Wer darf TAE-Dosen installieren?

2.3 Do it yourself?!

2.3.1 Wer darf Telefondosen installieren?

Ich will hier keine Gesetze zitieren, an die sich sowieso die wenigsten halten. Eines ist klar: Vor dem PPA sollten nicht befugte Leute die Finger vom Telefonnetz lassen. Was ist aber nach dem PPA? Nun, drücken wir es einmal so aus: Firmen, die die Installation von TAE-Dosen und alles was damit zusammenhängt durchführen, müssen bei der Telekom keinen Bericht darüber ablegen. Anders ausgedrückt: Die Telekom geht davon aus, daß die Arbeiten ordnungsgemäß erledigt werden. Ohne jemandem etwas zu unterstellen ist es nun aber oft so, daß einige Monteure dieser Firmen die Telefontechnik in einem Crashkurs erlernt haben, also keine gelernten Fernmeldetechniker sind. Dies kann man nun aber doch so interpretieren, daß man kein gelernter Fernmeldetechniker sein muß, um Telefondosen zu installieren. Es reicht, wenn man über gewisse Fachkenntnisse verfügt.

Bringen wir es doch mal auf den Punkt: Wenn die Arbeiten ordnungsgemäß, also nach den Vorschriften der Telekom durchgeführt wurden, wird wahrscheinlich auch niemand nachfragen, wer die Installation vorgenommen hat.

Es liegt mir natürlich fern, irgend jemand zu etwas Illegalem zu ermutigen. Wenn man jedoch schon die Installation der Telefonleitungen und -dosen erweitert oder verändert, sollte man es richtig machen. Dieses Buch soll Ihnen dabei helfen.

2.3.2 a/b-Vertauschung

Zunächst sei gesagt, daß man beim Telefonieren nicht bemerkt, wenn eine a/b-Vertauschung vorliegt, d.h. die Funktionalität des Netzes wird nicht beeinflußt. Aus dem Kapitel über den PPA geht hervor, daß eine Vertauschung von La und Lb vor dem PPA dazu führt, daß über den Prüfwiderstand immer ein geringer Strom fließt. Dieser Strom fließt dann 24 Stunden am Tag, egal ob man telefoniert oder nicht. Wenn dies bei einigen tausend Telefonkunden der Fall ist, entstehen hier evtl. erhebliche unnötige Kosten. Eine a/b-Vertauschung vor dem PPA sollte also tunlichst vermieden werden. Nebenbei bemerkt darf man vor dem PPA sowieso keine Änderungen am Telefonnetz selbst vornehmen.

Nach dem PPA ist eine Vertauschung von La und Lb normalerweise vollkommen unerheblich. Ich bin jedoch dafür, daß man beim Verlegen von Telefonleitungen darauf achten sollte, daß keine Vertauschung vorliegt.

3 TAE-Anschlußdosen und -Installationstechnik

In diesem Kapitel will ich die wichtigsten TAE-Dosen und deren Innenleben beschreiben. Alle Typen von TAE-Dosen gibt es als Aufputz- und als Unterputzdosen. Diese unterscheiden sich jedoch nicht im Hinblick auf deren Funktionalität. Zur Erinnerung: TAE heißt Telefon-Anschluß-Einheit.

3.1 Kodierungen bei TAE-Dosen

Für die verschiedenen Endgeräte (Telefon, Anrufbeantworter, Gebührenzähler, Faxgerät, Modem usw.) gibt es unterschiedliche Kodierungen für die Anschlußdosen und somit auch für die Stecker:

- F-Kodierung für Telefone (F steht für Fernsprechen)
- N-Kodierung für alle anderen Geräte (N bedeutet Nicht Fernsprechen)

Die Kodierungen N oder F stehen an jedem Anschluß einer TAE-Dose dran. Man erkennt die Kodierung außerdem auch an der Ausführung. Abbildung 3.1 zeigt eine TAE-Dose für den Anschluß eines Telefons, eine sog. TAE-F-Dose. Die Kodierung erkennt man an einer Nut. Bei F-kodierten Dosen befindet sich die Nut unten. Die *Abb. 3.1* verdeutlicht dies.

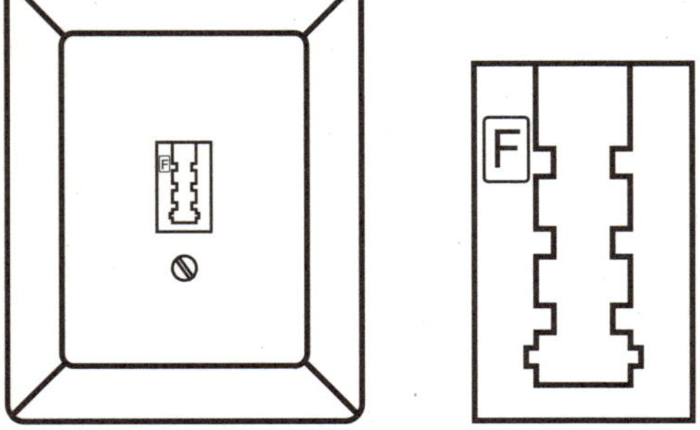

Abb. 3.1: TAE-F-Dose mit Vergrößerung der Anschlußbuchse

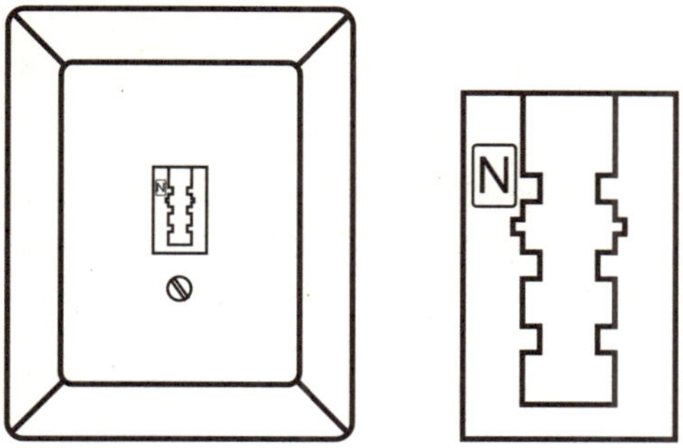

Abb. 3.2: TAE-N-Dose mit Vergröße-rung der Anschlußbuchse

Für die anderen Endgeräte, also die Nicht-Telefone, stehen sog. TAE-N-Dosen zur Verfügung.

Zum besseren Merken: N für Nabel (Mitte), F für Fuß (unten)

Wenn die Anschlüsse an den TAE-Dosen unterschiedliche Kodierungen haben, ist es naheliegend, daß dies bei den Steckern der Endgeräte auch so ist. Ein Stecker eines Faxgerätes oder eines Anrufbeantworters paßt nicht in einen F-Anschluß und der Stecker eines Telefons entsprechend nicht in einen N-Anschluß. Die Anwendung von Gewalt wird bei dieser Behauptung ausgeschlossen! An den Steckern befindet sich entsprechend entweder in der Mitte oder unten eine „Nase“.

Ich habe auch schon Stecker ohne Nase gesehen. Diese passen dann sowohl in N-kodierte, als auch in F-kodierte Dosen. Solche Stecker sind aber eher die Ausnahme.

3.2 Signale an TAE-Dosen und Dosenschaltung

Eine TAE-Dose hat, wie wir im Kapitel 2.2 schon gesehen haben, sechs Anschlußklemmen. Zunächst sollen hier alle Signal- bzw. Leitungsbezeichnungen erläutert werden. La und Lb haben wir schon kennengelernt. Sie bezeichnen die beiden Zuleitungen von der Vermittlungsstelle und liegen auf den Klemmen 1 und 2.

Auf Klemme 3 liegt das W-Signal. W steht für Wecker und bedeutet, daß man an dieses Signal einen zusätzlichen Wecker, also eine externe Klingel anschließen kann. Außerdem wird das W-Signal auch zur Steuerung von automatischen Wechselanschlußdosen (AWADo) benutzt. AWADos und zusätzliche Wecker werden in späteren Kapiteln beschrieben.

Auf Klemme 4 schließlich liegt E für Erde. Dieses Signal wird z.B. bei Telefonanlagen (Nebenstellenanlagen) benutzt, um eine Amtsleitung zu bekommen. Mehr dazu im Kapitel 8.

An den Klemmen 5 und 6 liegen die Signale von den Klemmen 2 und 1 und zwar nur dann, wenn kein Stecker in der Dose steckt. Die Signale heißen hier b2 und a2 und werden benutzt um eine weitere TAE-Dose anzuschließen. Auch hierauf wird später noch näher eingegangen. Die folgende Tabelle zeigt die Signale in einer Übersicht:

Tabelle 3.1: Signale bzw. Leitungsbezeichnungen an TAE-Dosen

Klemme	Signal	Bedeutung	Funktion
1	La	Leitung a	Amtsleitung
2	Lb	Leitung b	Amtsleitung
3	W	Wecker	für zusätzlichen Wecker oder AWADo
4	E	Erde	für Steuersignale, z.B. Nebenstellenanlage
5	b2	b-Ader	Weiterführung von Lb zur nächsten Dose
6	a2	a-Ader	Weiterführung von La zur nächsten Dose

3.2.1 TAE-Dosen mit einem Anschluß

TAE-F-Dose

La und Lb werden, wie man aus *Abbildung 3.3* erkennen kann, auf zwei sog. Öffner gelegt. Ein Öffner ist ein Schalter (hier ist es eigentlich ein Taster), der im Ruhezustand geschlossen ist. Wenn kein Telefon an der Dose angeschlossen ist, also kein Stecker in der Dose steckt, werden La und Lb auf die Klem-

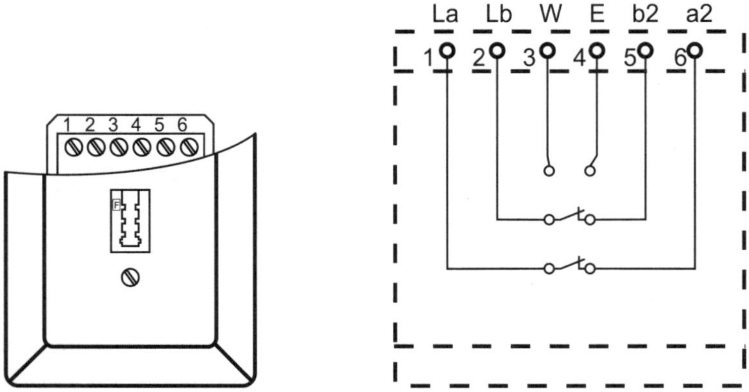

Abb. 3.3: TAE-F-Dose mit Dosenschaltung

men 6 und 5 durchgeschleift. Dort haben sie die Bezeichnungen a2 und b2. Schließt man nun ein Telefon an die Dose an, dann werden die beiden Signale auf das Telefon geschaltet und a2 sowie b2 sind „tot“.

TAE-N-Dose

Die Dosenschaltungen von TAE-F-Dosen und TAE-N-Dosen sind identisch. Die Dosen unterscheiden sich nur in der Anschlußkodierung.

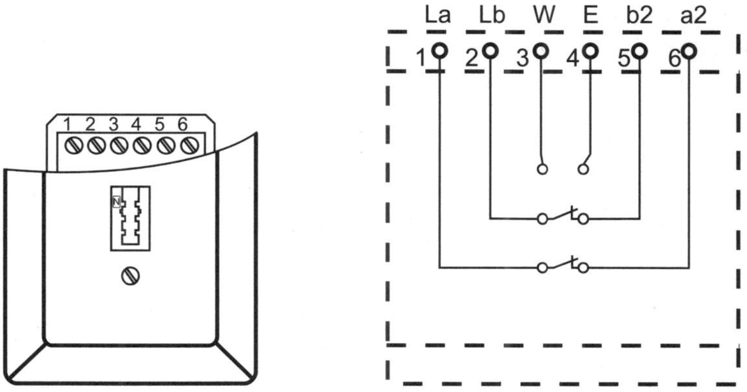

Abb. 3.4: TAE-N-Dose mit Dosenschaltung

3.2.2 TAE-Dosen mit mehreren Anschlüssen

Will man z.B. einen Anrufbeantworter und ein Telefon anschließen, so benötigt man einen N-kodieren Anschluß für den Anrufbeantworter und einen F-kodierten für das Telefon. Eine entsprechende Schaltung mit zwei Dosen könnte folgendermaßen aussehen:

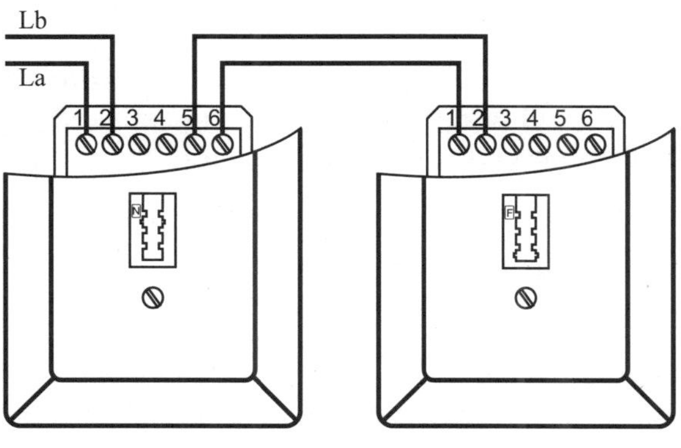

Abb. 3.5: TAE-N-Dose und TAE-F-Dose hintereinander geschaltet

Da man diese oder ähnliche Konstellationen relativ oft benötigt, gibt es Dosen, an die man mehrere Endgeräte anschließen kann. Die Beschaltung der Dosen intern ist vergleichbar mit der Installation von mehreren TAE-Dosen hintereinander.

TAE-NF-Dose

Die TAE-NF-Dose ist geeignet um z.B. einen Anrufbeantworter und ein Telefon oder ein Faxgerät und ein Telefon anzuschließen. Man erkennt aus der Dosenschaltung, daß das N-kodierte Gerät dem Telefon vorgeschaltet ist. Sobald man also ein N-kodiertes Geräte in die Dose steckt, werden La und Lb in der Dose nicht mehr an den F-kodierten Anschluß durchgeschleift. Auf die Frage, warum trotzdem beide angeschlossenen Geräte funktionieren, werde ich im Kapitel 5.3 eingehen.

Die NF-Dose wird relativ selten installiert, verbreiteter sind NFN-Dosen.

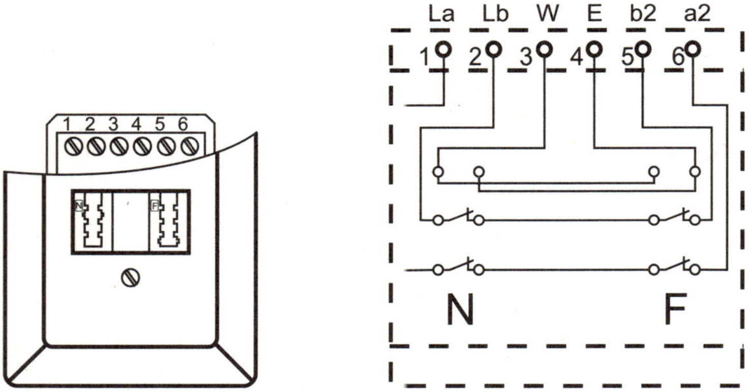

Abb. 3.6: TAE-NF-Dose mit Dosenschaltung

TAE-NFN-Dose

An eine NFN-Dose können zwei Nicht-Telefone und ein Telefon angeschlossen werden. Dies könnten z.B. sein: Ein Faxgerät, ein Modem und ein Telefon oder ein Faxgerät, ein Anrufbeantworter und ein Telefon. Natürlich kann man einen oder auch zwei Anschlüsse frei lassen und in Reserve halten.

Auch hier sind die N-kodierten Geräte dem Telefon vorgeschaltet.

Eine NFN-Dose unterscheidet sich vom Preis her kaum von einer einfachen F-Dose. Wenn man also einen zusätzlichen Anschluß für ein Telefon plant, ist es sinnvoll, eine solche NFN-Dose zu installieren, auch wenn man zur Zeit die

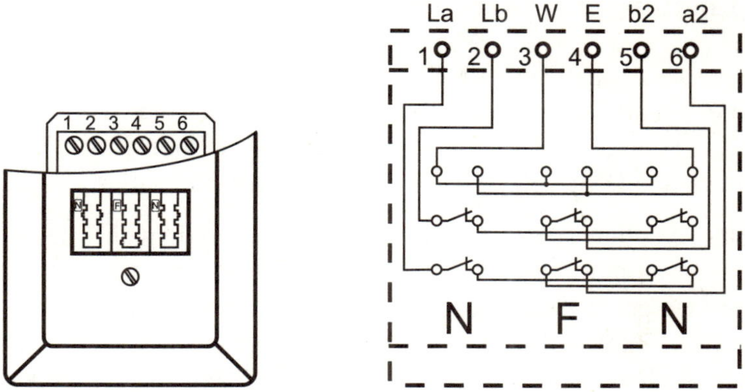

Abb. 3.7: TAE-NFN-Dose mit Dosenschaltung

N-kodierten Anschlüsse nicht benötigt. Die Erfahrung zeigt, daß man irgendwann froh sein wird über die zusätzlichen Anschlüsse.

Als letzte Anschlußeinheit stelle ich hier noch eine Dose zum Anschluß von zwei Telefonen vor:

TAE-NFF-Dose

Die NFF-Dose unterscheidet sich von den bisher besprochenen Dosen in einigen Dingen. Bei der NFF-Dose gibt es z.B. zwei Klemmleisten. Eine solche Dose kann man als Zusammenfassung einer NF-Dose und einer F-Dose ansehen. Die NFF-Dose findet dann Einsatz, wenn man zwei Telefone örtlich nicht weit voneinander getrennt anschließen will, zum Beispiel in einem Büro mit zwei Schreibtischen.

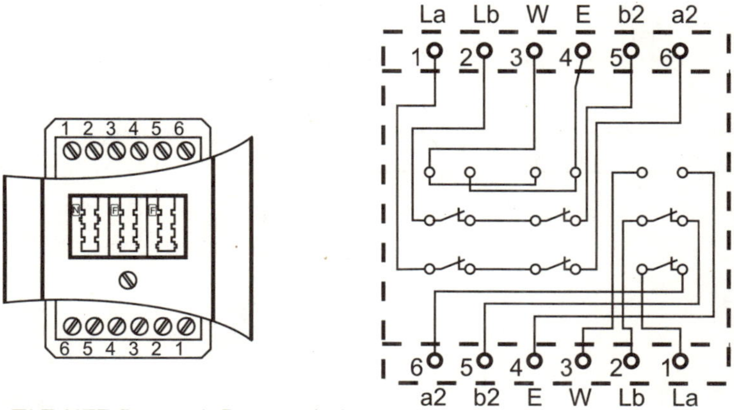

Abb. 3.8: TAE-NFF-Dose mit Dosenschaltung

3.3 Installation von TAE-Dosen

Wenn man eine zusätzliche TAE-Dose *ordnungsgemäß* installieren will, wird diese mit der schon installierten Dose in Reihe geschaltet. Dabei wird eine Doppelleitung von den Klemmen 5 und 6 der ersten Dose zu den Klemmen 1 und 2 der zweiten Dose gelegt. *Abbildung 3.9* verdeutlicht dies.

Eine solche Schaltung wird man dann vorsehen, wenn die von Telekom installierte TAE-Dose (in der Regel mit PPA) nicht dort sitzt, wo man sie haben will, oder wenn man gerne zwei Anschlüsse hätte. Die zweite Dose (also in Abbildung 3.9 die rechte) und jede weitere Dose bekommt keinen PPA. Ein PPA wird nur an die Dose angeschlossen, die direkt mit dem APL verbunden ist.

Die nach *Abbildung 3.9* gezeigte Reihe von TAE-Dosen kann man mit beliebig vielen und mit beliebigen Arten von TAE-Dosen fortsetzen.

Die Schaltung entspricht streng der Vorschrift, hat jedoch einen kleinen Nachteil, der allerdings auch beabsichtigt ist und welcher auch aus den Dosenschaltungen hervorgeht. Schließt man nämlich ein Telefon an einer Dose an, dann werden La und Lb auf das Telefon geleitet und die Klemmen 5 und 6 liegen „brach“. Dies bedeutet, daß alle TAE-Dosen hinter derjenigen, in der ein Telefon steckt, „tot“ sind, daß man also keinen Wählton (von der Vermittlungsstelle) bekommt, wenn man dort ein weiteres Telefon einsteckt. Die Amtsleitung hat man also nur auf

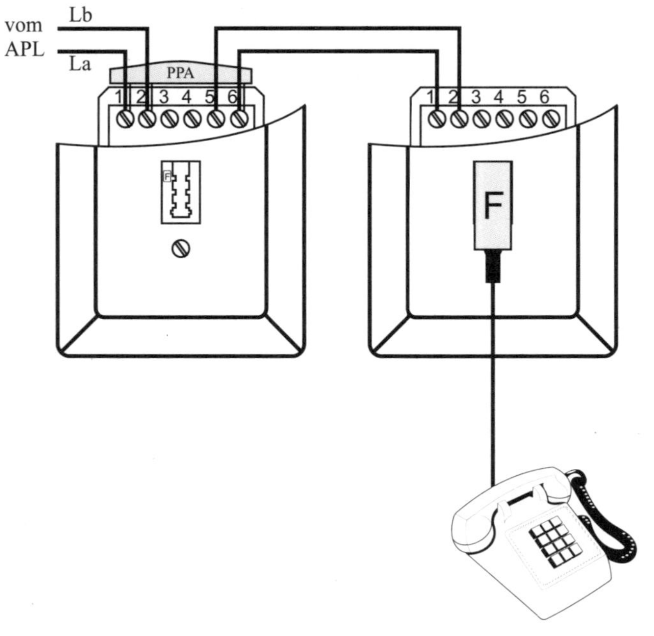

Abb. 3.9: Installation einer zusätzlichen TAE-Dose

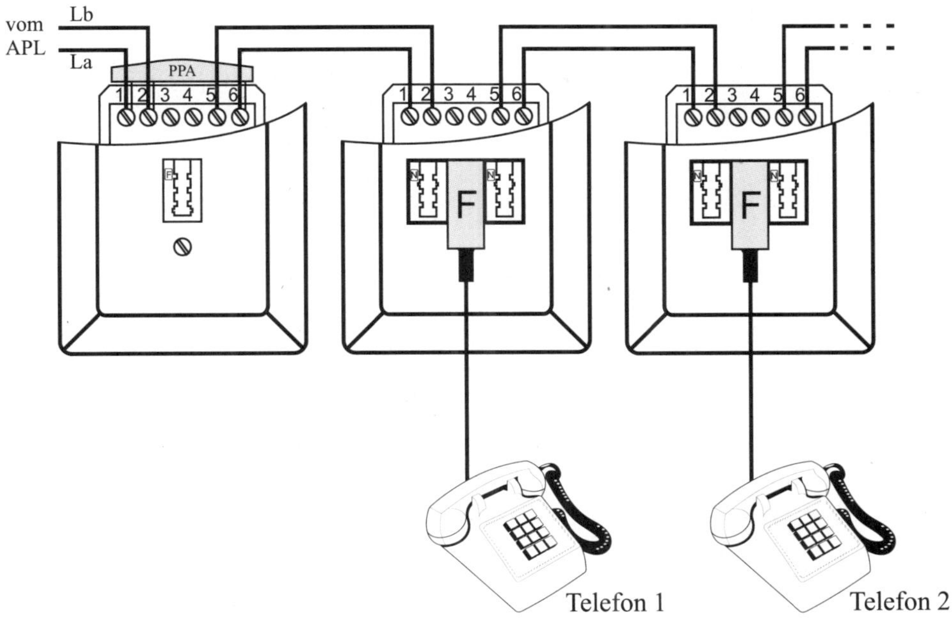

Abb. 3.10: Installation von mehreren TAE-Dosen

dem Telefon, welches als erstes in der Reihe der TAE-Dosen steckt, in Abbildung 3.10 also auf dem Telefon 1. Zieht man Telefon 1 heraus, kann man von Telefon 2 aus telefonieren. Steckt man Telefon 1 wieder rein, während auf Telefon 2 gesprochen wird, so hat man dem Teilnehmer am Telefon 2 das Gespräch sozusagen abgenommen, vorausgesetzt, man hat beim Einstecken nicht den Hörer aufliegen. Dies würde natürlich zum Beenden der Verbindung führen. Fazit: Man kann immer nur mit einem Telefon zur gleichen Zeit telefonieren.

Keine Panik! Natürlich werde ich noch erklären, wie man mehrere Telefone gleichzeitig betreiben kann. Hierzu fehlen jedoch noch ein paar Kenntnisse bezüglich der Endgeräte und der Verbindungskabel. Bevor ich aber darauf eingehen möchte, schauen wir uns noch ein weiteres Beispiel einer Installation von mehreren TAE-Dosen an. Bei der Schaltung, wie sie in *Abbildng 3.11* gezeigt wird gehen wir davon aus, daß man aus architektonischen Gründen die Telefonleitungen in einer Verteilerdose verklemmen muß. Wenn es sich vermeiden läßt, sollte man Telefonleitungen und Stromleitungen (230 V) übrigens nicht direkt nebeneinander verlegen; es kann dabei zu Störungen kommen. Ein minimaler Abstand von einem Zentimeter sollte eingehalten werden. Dies gilt verstärkt, wenn es sich um eine Telefonleitung eines ISDN-Anschlusses handelt.

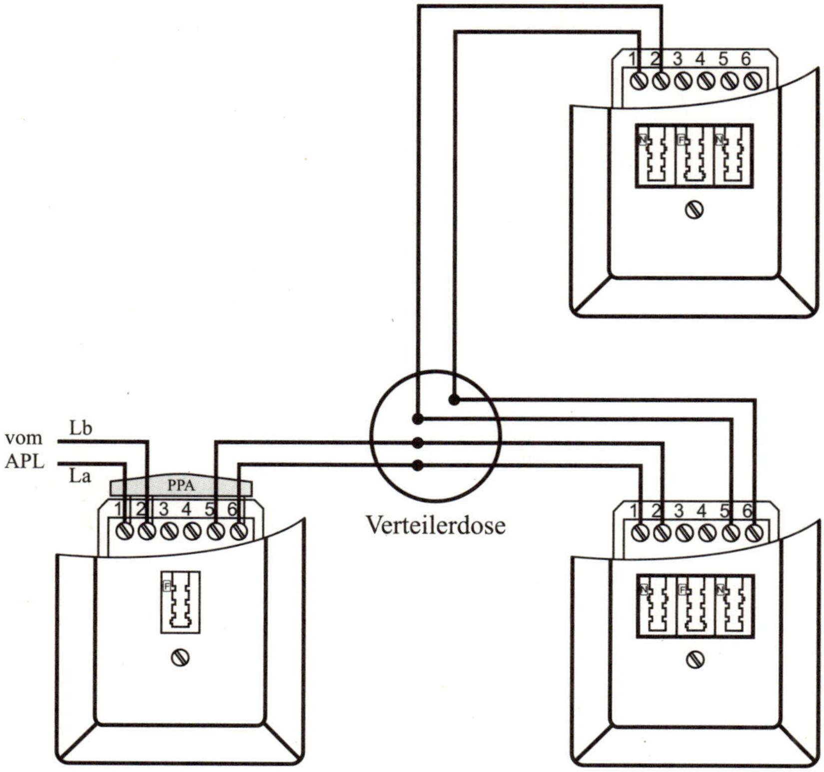

Abb. 3.11: Weiteres Beispiel für die Installation von mehreren TAE-Dosen

3.4 Leitungskodierung bei Telefonkabel

An dem Beispiel aus Abbildung 3.11 erkennt man, daß es sinnvoll ist, Telefonkabel vieradrig herzustellen. Zu der Dose rechts unten muß nämlich von der Verteilerdose aus eine vieradrige Leitung gelegt werden. Die folgende Tabelle zeigt, welche Leitungen normalerweise an welche Klemmen angeschlossen werden.

Tabelle 3.2: Leitungskodierung bei Telefonkabeln

Klemme	Signal	Telekom-Kabel	Siemens-Kabel
1	La	ohne Ring	rot
2	Lb	ein Ring	schwarz
5	b2	zwei Ringe, eng	gelb
6	a2	zwei Ringe, weit	weiß

Das Auflegen der Leitungen bei Verwendung von Telekom-Kabel (z.B. für die unteren TAE-Dosen in Abbildung 3.11) will ich zur besseren Übersicht auch in einer Grafik zeigen:

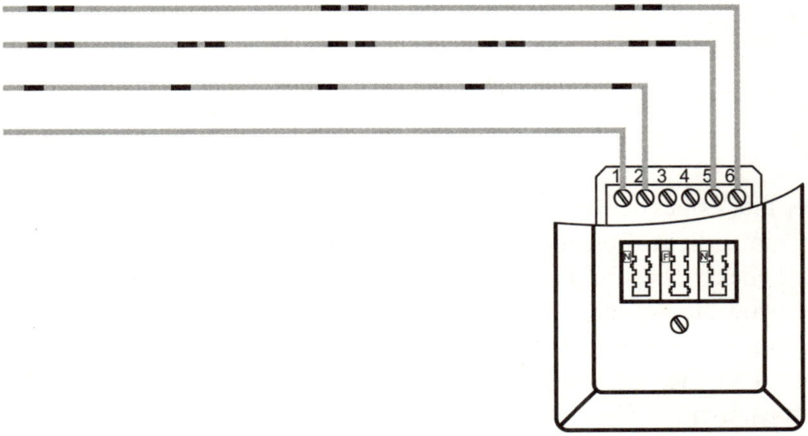

Abb. 3.12: Verwendung der kodierten Leitungen bei TAE-Dosen

Hier sei nochmals darauf hingewiesen, daß man die Installation der Leitungen so vornehmen sollte, daß im Nachhinein niemand feststellen kann, ob die Leitungen von Fachpersonal verlegt wurden oder nicht. Dazu zählt auch, daß man auf die Strich- oder Farbkodierungen der Adern beim Verklemmen der Telefonleitungen achten sollte. Es gibt aber noch einen weiteren und wichtigeren Grund, warum man die vorgesehen Adern für die entsprechenden Signale verwenden sollte. Die Ader ohne Ring und die mit einem Ring sind miteinander verdrillt. Das gleiche gilt für das andere Adernpaar. Diese Verdrillung verhindert Störungen. Wie und ob sich Störungen auswirken, wenn man nicht die zusammengehörenden, also die verdrillten Adernpaare benutzt, hängt unter anderem von der Länge der Telefonleitung ab, und davon, ob eine Stromleitung in unmittelbarer Nähe der Telefonleitung verlegt ist. Beim ISDN-Anschluß ist sogar unbedingt darauf zu achten, daß man die verdrillten Leitungspaare benutzt.

4 Stecker, Anschlußkabel und Adapter

Leider gibt es bei der herkömmlichen Telefontechnik, im Gegensatz zu ISDN, keine einheitliche Belegung für die Stecker und keine feste Norm für Anschlußkabel, weder für Telefone noch für andere Endgeräte. Für deutsche Telefone sind die Anschlußkabel zwar identisch, diese Kabel funktionieren jedoch nicht bei Importgeräten. Umgekehrt gilt das gleiche. Noch unübersichtlicher wird die Sache bei Nicht-Telefonen wie Faxgeräten oder Anrufbeantworter. Hier ist es am besten, wenn man ein zu diesem Gerät mitgeliefertes Anschlußkabel besitzt. Bei Benutzung eines anderen Anschlußkabels funktioniert das Gerät eventuell nicht ordnungsgemäß. Schauen wir uns einmal einige unterschiedliche Stecker und Anschlußkabel an.

4.1 Stecker

4.1.1 TAE-Stecker

Wie schon erwähnt, passen die N-kodierten Stecker von Faxgeräten, Modem oder Anrufbeantwortern nicht in die für Telefone vorgesehene Anschlüsse. F-kodierte Stecker von Telefonen passen nicht in N-kodierte Steckplätze.

TAE-F-Stecker

In *Abbildung 4.1* erkennt man die „Nase" am Stecker, die bewirkt, daß man ihn nur in einen für ihn kodierten Anschluß stecken kann.

Die Zahlen an den Kontakten geben an, mit welchen Anschlußklemmen der TAE-Dose die Kontakte beim Einstecken verbunden werden. Die Abkürzungen ws, br usw. bezeichnen die Farben der Isolierungen von den Leitungen im Anschlußkabel. Das Fehlen der Farbangaben an den Kontakten 5 und 6 läßt jetzt schon vermuten, daß diese Kontakte beim TAE-F-Stecker nicht belegt sind. Eine ausführliche Tabelle der Farben finden Sie weiter unten.

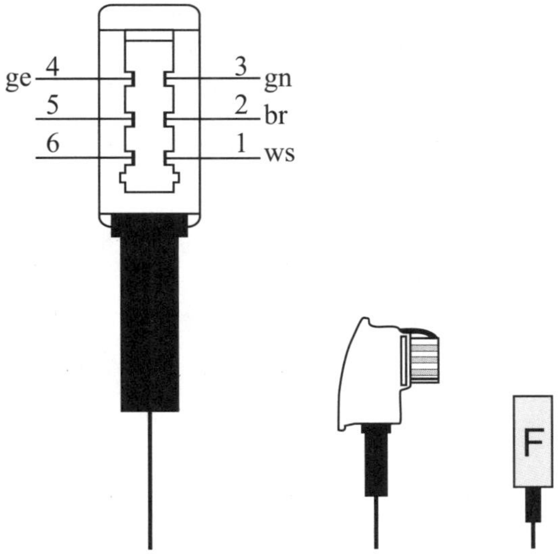

Abb. 4.1: TAE-F-Stecker

Das in *Abbildung 4.1* rechts dargestellte Symbol für den (hier F-kodierten) Stecker wird in den folgenden Grafiken dieses Buches benutzt. Der Leser kann so besser erkennen, um welche Kodierung es sich handelt.

TAE-N-Stecker

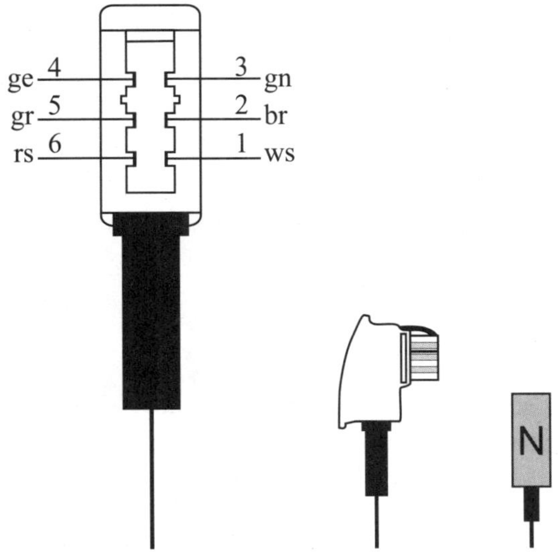

Abb. 4.2: TAE-N-Stecker

Der TAE-N-Stecker befindet sich an Anschlußkabeln von Faxgeräten, Modems, Gebührenzählern, Anrufbeantwortern usw. Die sechs Angaben der Farben lassen vermuten, daß hier unter Umständen alle Kontakte belegt sein können.

Die Farben der Isolierungen der Leitungen sind nicht bei allen Anschlußkabeln identisch. Oft werden jedoch für F- und N-kodierte Stecker die in Abbildungen 4.1 und 4.2 angegeben Farben benutzt, die in der folgenden Tabelle noch einmal zusammengefaßt werden.

Tabelle 4.1: Häufig benutzte Farben der Adern von TAE-Anschlußleitungen

Kontakt	**Signal**	**Farbkürzel**	**Farbe**
1	La	ws	weiß
2	Lb	br	braun
3	W	gn	grün
4	E	ge	gelb
5	b2	gr	grau
6	a2	rs	rosa

4.1.2 Western-Stecker

Früher war das Anschlußkabel fest mit dem Endgerät verbunden. An neueren deutschen Endgeräten und an Importgeräten sind sog. Western-Anschlüsse. Häufig wird auch die Bezeichnung Western-Modular benutzt. Western ist eine US-amerikanische Norm für Telefonanschlüsse, die mittlerweile auch in Deutschland verwendet wird. Der offizielle Ausdruck der Telekom für einen solchen Western-Anschluß heißt Fernmelde-Klein-Steckverbindung, kurz FKS. (Dies ist kein Scherz!)

Anschlußkabel von Endgeräten haben meistens auf der einen Seite einen TAE-Stecker und auf der anderen Seiten einen Western-Stecker. Bevor wir zu den Anschlußkabeln kommen, schauen wir uns aber zuerst noch die Western-Stekker, die manchmal auch Modular-Stecker oder Western-Modular-Stecker genannt werden, an.

Western-Stecker mit 4 Kontakten

Die 7,65mm breiten vierpoligen Western-Stecker (siehe *Abbildung 4.3*) werden ausschließlich für die Hörerkabel der Telefone benutzt und zwar auf beiden Seiten der Leitung. Diese Stecker sind für die weiteren Betrachtungen in diesem Buch nicht von Interesse.

Western-Stecker mit 6 Kontakten (RJ-11-Stecker)

Bei Western-Steckern mit 6 Kontakten (*Abbildung 4.4*) sind häufig nur 4 Kontakte belegt. Bei Importgeräten sind manchmal sogar nur zwei Kontakte be-

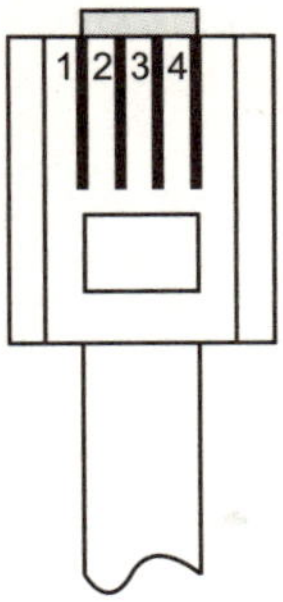

Abb. 4.3: Western-Stecker mit 4 Kontakten

legt. Dennoch haben die Stecker alle die gleiche Größe, sind also, wie man sagt, kompatibel zueinander. Western-Stecker, bei denen nur zwei Kontakte belegt sind, müssen nicht näher betrachtet werden. Wenn nämlich nur zwei Kontakte belegt sind, können dies nur die Leitungen La und Lb sein. Wie schon besprochen, können La und Lb an dieser Stelle vertauscht werden, ohne dabei die Funktionalität zu beeinflussen.

Diejenigen sechspoligen Western-Stecker, bei denen „nur" vier Kontakte belegt sind, werden im folgenden so gezeichnet, daß die jeweils nicht belegten Kontakte grau statt schwarz gezeichnet werden. Die Numerierung der Kontakte wird jedoch beibehalten, egal ob alle sechs Kontakte belegt sind oder nicht. Das Bild verdeutlicht dies nochmals.

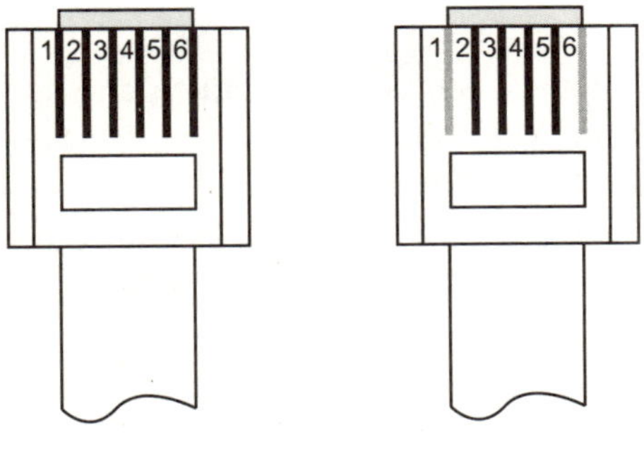

Abb. 4.4: Western-Stecker mit 6 Kontakten, rechts sind nur 4 Kontakte belegt

Die 9,65mm breiten sechspoligen Western-Stecker sind diejenigen, die an den Anschlußkabeln für die analogen Endgeräte benutzt werden. Western-Stecker mit vier belegten Kontakten werden für Telefone benutzt. Bei Faxgeräten, Anrufbeantwortern usw. sind manchmal alle sechs Kontakte belegt. Warum dies so ist und manchmal auch so sein muß, geht aus den Erläuterungen der nächsten Seiten hervor. Zuerst aber noch ein weiterer Western-Stecker.

Western-Stecker mit 8 Kontakten (RJ-45-Stecker,)werden bei ISDN-Anschlüssen und -Geräten verwendet.

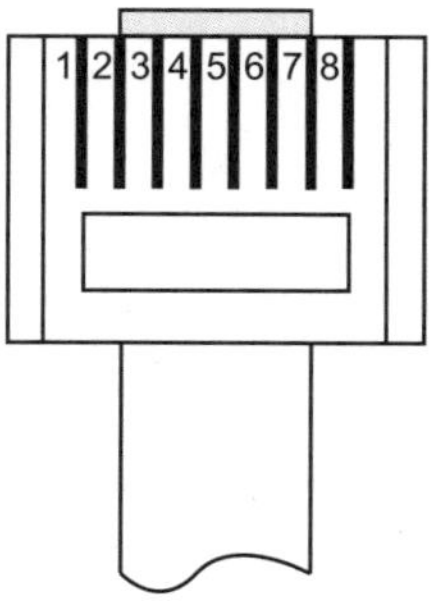

Abb. 4.5: Western-Stecker mit 8 Kontakten

Die 11,68mm breiten achtpoligen Western-Stecker kommen in der analogen Telefontechnik nicht vor. ISDN-Geräte kann man nicht direkt am analogen Telefonnetz betreiben. Ebensowenig kann man analoge Telefone oder andere analoge Endgeräte direkt am ISDN betreiben. Aus diesem Grund gibt es auch keine Anschlußkabel an denen achtpolige Western-Stecker auf der einen Seite und sechspolige Western-Stecker oder TAE-Stecker auf der anderen Seite sind.

4.2 Anschlußkabel

Bei der Telekom heißen die Verbindungen zwischen den Endgeräten und den Anschlußdosen eigentlich Anschlußschnüre. Mir widerstrebt es, zu einer Leitung oder zu einem Kabel Schnur zu sagen. Eine Schnur dient z.B. zum Verpacken eines Pakets oder zum Drachen steigen. Eine Leitung oder ein Kabel ist eine elektrische Verbindung und ein Anschlußkabel für ein Telefon hat zweifelsohne die primäre Funktion elektrischen Strom zu leiten. Prof. Dr. Alfons Blum (ich hörte bei ihm Elektronik an der Universität Saarbrücken) hat in einer Vorlesung bezüglich der Vergabe von Formelzeichen und Benennungen einmal folgende Bemerkung gemacht: „Man muß nur sagen was man macht, dann kann man machen was man will." Nun, dies läßt sich auf das Folgende gut anwenden, für mich sind es eben Anschlußkabel und keine Schnüre und gesagt habe ich es hiermit auch!

4.2.1 Western-Western-Anschlußkabel

Anschlußkabel, bei denen sich auf beiden Seiten ein Western-Stecker befindet, werden zum Beispiel bei Hörerkabeln von analogen und digitalen Telefonen benutzt. Hierbei handelt es sich auf beiden Seiten um vierpolige Western-Stekker. Diese Art von Kabeln ist hier nicht von Interesse.

Bei ISDN-Gerätekabeln werden auf beiden Seiten achtpolige Western-Stecker (RJ-45-Stecker) benutzt. Diese interessieren uns in diesem Buch auch nicht.

Anschlußkabel mit zwei sechspoligen Western-Steckern (RJ-11-Steckern) sind meist bei analogen Importgeräten dabei. Hier sind oft nur zwei Klemmen des Steckers belegt, und zwar meistens die in der Mitte, also an den Klemmen 3 und 4.

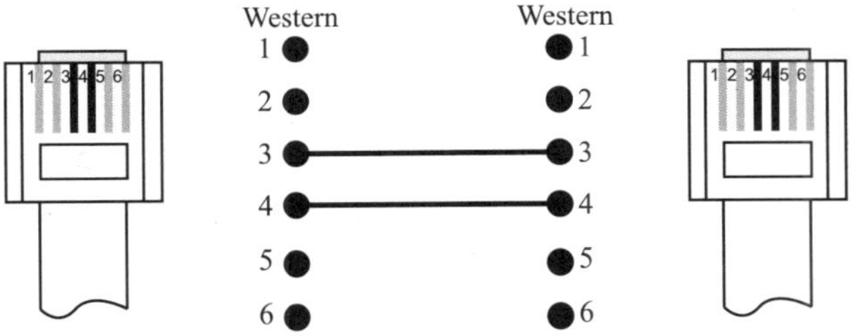

Abb. 4.6: Western-Western-Anschlußkabel für Importgeräte

Zum Anschluß an eine TAE-Dose wird in der Regel ein Adapter (siehe Kapitel 4.3) benutzt. Es gibt mittlerweile allerdings auch in Deutschland Anschlußdosen für Western-Western-Kabel. Solche Dosen werden in der letzten Zeit vermehrt angeboten. Entweder handelt es sich dabei um TAE-Dosen, bei denen auch ein oder mehrere Western-Anschlüsse integriert sind, oder um Dosen mit zwei Western-Anschlüssen. Hier ein Bild einer solchen Western-Dose:

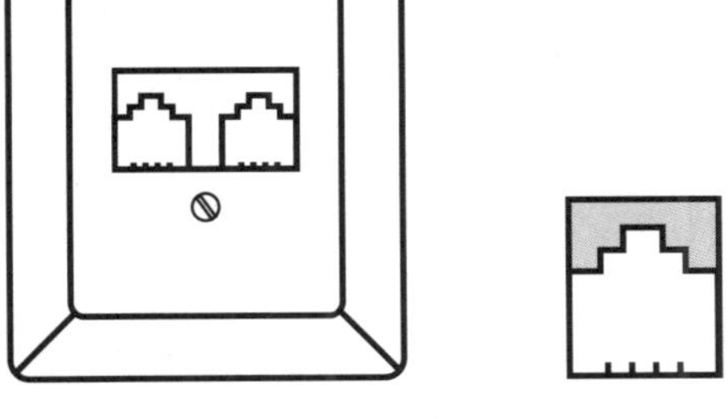

Abb. 4.7: Western-Dose mit Vergrößerung

Da die Belegung der Western-Western-Kabel meistens „geradeaus“ ist, also keine Vertauschung oder Umpolung vorliegt, brauchen wir uns dieses Kabel nicht näher anzusehen.

4.2.2 TAE-Western-Anschlußkabel mit F-Kodierung

Anschlußkabel mit F-Kodierung

Zum Telefonieren benötigt man La und Lb. Mindestens zwei Adern muß das Anschlußkabel eines Telefons also haben. An der TAE-Dose liegen La und Lb immer auf den Kontakten 1 und 2 an. Am Telefon werden bei deutschen Geräten in der Regel die Kontakte 2 und 5 des Westernsteckers benutzt, bei ausländischen Apparaten sind es meist die Kontakte 3 und 4. Leider kann ich hier keine definitive Aussage machen und habe deshalb im letzten Satz die Attribute *in der Regel* und *meist* benutzt. Die Minimalausführung für ein Telefonanschlußkabel zeigt *Abbildung 4.8*, oben (unter Vorbehalt) für deutsche Geräte und unten (auch unter Vorbehalt) für Importgeräte. Eine dieser Anschlußarten wird aber sicherlich funktionieren, d.h. ein Ausprobieren beschränkt sich auf zwei Möglichkeiten.

Weil eine Vertauschung von La und Lb an dieser Stelle keine Rolle spielt, ist es auch denkbar, daß z.B. bei dem oben dargestellten Kabel La (Kontakt 1 des TAE-Steckers) beim Western-Stecker auf Kontakt 2 liegt und Lb (Kontakt 2

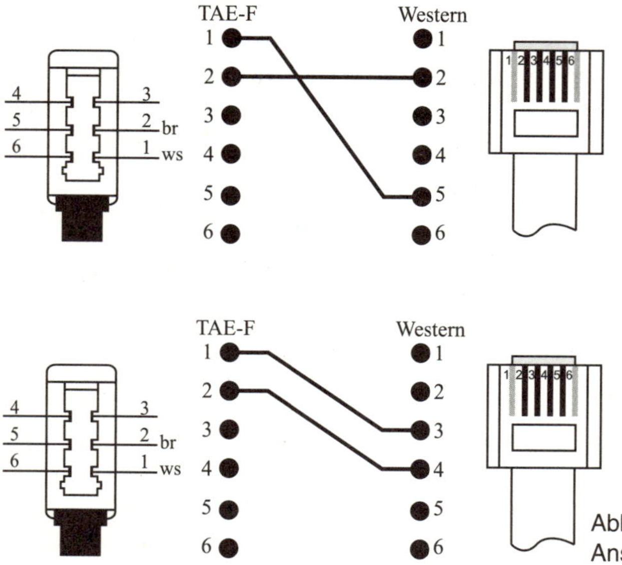

Abb. 4.8: Minimalbelegung von Anschlußkabeln für Telefone

des TAE-Steckers) entsprechend auf Kontakt 5 des Western-Steckers. Für das unten gezeigte Kabel gilt das entsprechende.

Anschlußkabel, wie sie in *Abbildung 4.8* dargestellt sind, habe ich noch nie gesehen. Alle mir bekannten Anschlußkabel enthalten mindestens vier Adern. Ohne die Signale W und E funktionieren nämlich einige Funktionen von älteren Zusatzgeräten nicht. Beispiele sind hier:

- Betrieb eines zusätzlichen Weckers (benötigt W-Signal)
- Umschalten bei AWADo-Anlagen (benötigt W-Signal)
- Amtsholung durch die Erdtaste in Nebenstellenanlagen (benötigt E-Signal)

Die meisten TAE-Western-Anschlußkabel für Telefone sind deshalb vieradrig. Anschlußkabel für Telefone der Telekom haben folgende Belegung:

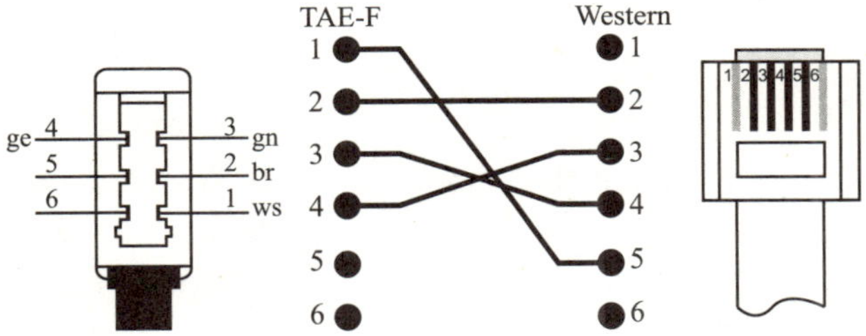

Abb. 4.9: Belegung von Anschlußkabeln für Telefone der Telekom

La und Lb, die man zum Telefonieren braucht, liegen am Western-Stecker auf den Kontakten 5 und 2, also auf den beiden äußeren der belegten Kontakte. Weiterhin gibt es eine Leitung für das W-Signal vom TAE-Kontakt 3 auf den Western-Kontakt 4. Wie schon erwähnt wird das W-Signal benötigt, wenn man einen zusätzlichen Wecker betreibt oder das Telefon an einer AWADo-Schaltung angeschlossen ist. Im Kapitel 5.2 wird das Anschließen von zusätzlichen Weckern gezeigt, AWADo-Schaltungen werden im Kapitel 7.1 beschrieben.

An dieser Stelle vielleicht schon mal der Hinweis, daß viele neuere Apparate der Telekom das W-Signal nicht mehr zur Verfügung stellen (ich werde im Kapitel 5.1 noch darauf eingehen), d.h. daß die oben beschriebenen Schwierigkeiten bei AWADo-Schaltungen und zusätzlichen Weckern auftreten können. Aber auch wenn ein Telefon für das W-Signal nicht mehr vorgesehen ist, wird es in der Regel mit einem vieradrigen Anschlußkabel ausgeliefert.

Für das E-Signal, das bei manchen älteren Nebenstellenanlagen zur Amtsholung benötigt wird, gibt es eine Leitung vom TAE-Kontakt 4 auf den Kontakt 3 des Western-Steckers. Auf das Thema Amtsholung bei Nebenstellenanlagen werde ich im Kapitel 8 näher eingehen.

Bei Importtelefonen ist die Belegung des Western-Anschlusses am Telefon anders als in Deutschland. Es bleibt wohl Spekulation, daß dies bei der deutschen Normung der Western-Anschlüsse beabsichtigt war. Auf jeden Fall müssen La und Lb bei Geräten aus Amerika oder Fernost an die mittleren Kontakte des Western-Steckers geführt werden. Für diese ausländischen Geräte gibt es fertig konfektionierte Anschlußkabel zu kaufen, deren Belegung meistens so aussieht:

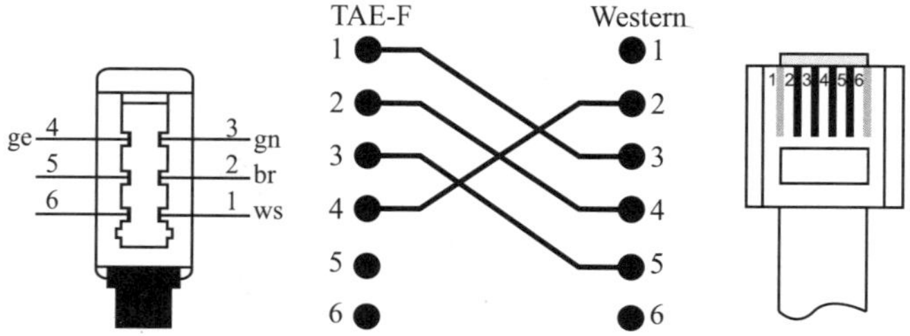

Abb. 4.10: Belegung von Anschlußkabeln für Importtelefone

In der Regel werden weder das W-Signal (Klemme 3 des TAE-Steckers) noch das E-Signal (Klemme 4 des TAE-Steckers) von Importtelefonen zur Verfügung gestellt. Das mitgelieferte Anschlußkabel von Importtelefonen hat oft auf beiden Seiten Western-Stecker, bei denen nur die mittleren zwei Kontakte belegt sind (siehe Abbildung 4.18). Lassen wir mal die Sache mit der AWA-Do-Schaltung und dem zusätzlichen Wecker außen vor. Es gibt drei Möglichkeiten, um das Importtelefon an das deutsche Telefonnetz anzuschließen:

1. Man kauft sich im Fachhandel ein TAE-Western-Anschlußkabel für Importtelefone mit der Anschlußbelegung, wie sie in *Abbildung 4.10* dargestellt ist. Die Anschlußbelegung wird oft auf der Verpackung abgedruckt.

2. Im Handel erhältlich sind auch TAE-Western-Adapter für Importgeräte (siehe Kapitel 4.3). Ein solcher Adapter hat auf der einen Seite einen TAE-F-Stecker und auf der anderen Seite eine Western-Buchse. Wenn La und Lb bei dem Adapter auf den mittleren Kontakten der Western-Buchse liegen, kann man damit das mitgelieferte Anschlußkabel mit den beiden Western-Steckern benutzen.

3. Weiterhin im Handel erhältlich sind (sozusagen Bausätze für) TAE-Stecker zum Selbstbasteln eines Anschlußkabels. Hier braucht man einen Lötkolben und etwas Geschick. Man benutzt das beim Importgerät mitgelieferte Kabel und lötet nach der Vorgabe von *Abbildung 4.10* den TAE-Stecker an einer

Seite des Kabels an. Wenn das Kabel nur zweiadrig ist, läßt man die Anschlüsse für das W-Signal und für das E-Signal weg.

Egal für welche Methode man sich entscheidet, zu beachten ist lediglich, daß an dem Western-Stecker, der am Importtelefon angeschlossen wird, La und Lb auf den mittleren Kontakten liegen, also so, wie es in *Abbildung 4.10* dargestellt ist. Die schon angesprochenen Probleme bei AWADo-Schaltungen, zusätzlichen Weckern oder Nebenstellenanlagen kann man auch mit einem anderen Anschlußkabel nicht beheben, weil die Ursache hier am Telefonapparat liegt und nicht am Kabel.

Anschlußkabel mit N-Kodierung

N-kodierte Anschlußkabel sind mindestens vieradrig, oft sind sie fünf- oder sechsadrig. Im Kapitel 3.2 wurde schon angesprochen, daß La und Lb auf das Endgerät geleitet werden, sobald man einen TAE-Stecker in die Dose steckt. Dabei werden die Schalter in der Dose geöffnet, d.h. La und Lb werden in der Dose nicht mehr zum nächsten Anschluß geführt (siehe Abbildung 3.6). Konkret bedeutet dies doch, daß wenn man z.B. gleichzeitig einen Anrufbeantworter (oder ein Faxgerät) und ein Telefon an einer NF-Dose angeschlossen hat, das Telefon „tot" sein müßte, weil La und Lb ja zum Anrufbeantworter (bzw. zum Faxgerät) geführt werden. (Mit tot ist hier gemeint, daß man keinen Wählon erhält, wenn man den Hörer abhebt.) Nun, glücklicherweise werden La und Lb durch den Anrufbeantworter (das Faxgerät) durchgeschleift und über die Kontakte 5 und 6 des TAE-Steckers wieder zur Dose zurückgeführt. (Dies wird im Kapitel 5.3 für Faxgeräte nochmals näher beschrieben.) Aus diesem Sachverhalt geht hervor, warum N-kodierte Kabel an den Klemmen 5 und 6 des TAE-Steckers belegt sind und F-kodierte Kabel nicht. Nicht-Telefone, wie Faxgeräte Anrufbeantworter, Modems usw. sind dem Telefon immer vorgeschaltet. La und Lb müssen also bei Nicht-Telefonen immer durch die Geräte durchgeschleift und zur TAE-Dose zurückgeführt werden, damit sie für das nächste Gerät in der Reihe wieder zur Verfügung stehen. Für Telefone gilt dies nicht. Nach einem Telefon darf und kann kein weiteres Gerät mehr betrieben werden. Der Grund dafür ist, daß man Gespräche dann abhören könnte.

Weiter oben wurde schon erwähnt, daß es unterschiedliche Anschlußbelegungen bei N-kodierten Anschlußkabeln gibt. Schauen wir uns zunächst die Belegung eines Anschlußkabels an, wie es bei Modems einer deutschen Firma mitgeliefert wird (siehe *Abbildung 4.11*).

La und Lb werden zu den mittlerer Kontakten des Western-Steckers geführt. Von den äußeren der belegten Kontakte des Western-Steckers geht es dann

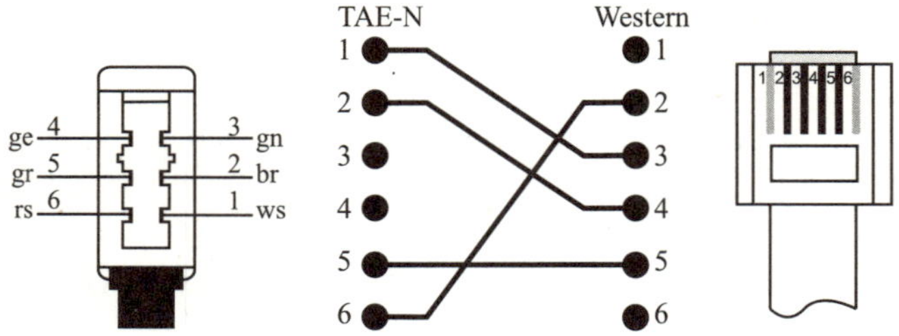

Abb. 4.11: N-kodiertes Anschlußkabel für ein Modem einer deutschen Firma

wieder zurück zu den Klemmen 5 und 6 des TAE-Steckers. Unter Umständen kann man dieses Kabel auch für Anrufbeantworter oder Faxgeräte benutzten. Es gibt aber eben keine Garantie dafür, daß es funktioniert. Mein Faxgerät zum Beispiel würde mit diesem Kabel nicht funktionieren. Die Belegung des Anschlußkabels meines Faxgerätes sieht nämlich so aus:

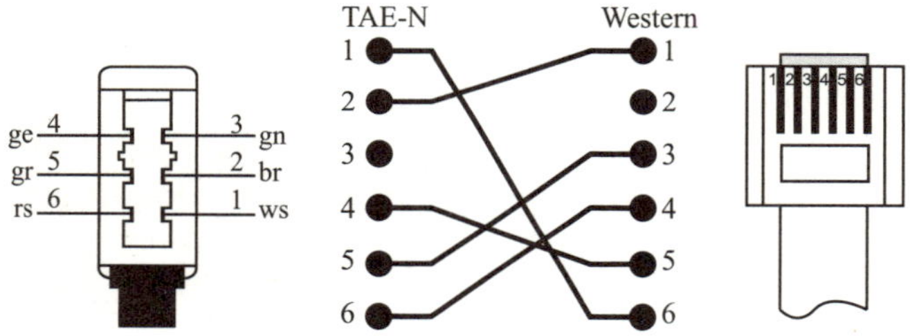

Abb. 4.12: N-kodiertes Anschlußkabel für ein Faxgerät einer fernöstlichen Firma

Sicherlich gibt es noch ein paar andere Belegungen. Wie schon erwähnt ist es hier am besten, wenn zu einem Gerät ein TAE-Kabel mitgeliefert wird. Wenn man zu einem bestimmten Gerät kein Anschlußkabel besitzt, heißt das Zauberwort Ausprobieren. Ausprobieren heißt hier nicht nur Probieren, ob das Gerät selbst funktioniert, sondern auch, ob andere Geräte, die dahinter angeschlossen sind, noch funktionieren. Bei N-kodierten Kabeln müssen ja bekanntlich La und Lb wieder auf die Kontakte 5 und 6 der TAE-Dose zurückgeführt werden.

Zu meinem Erstaunen gibt es übrigens seit einiger Zeit (ich habe sie im April 1996 zum ersten Mal gesehen) auch Anschlußkabel zu kaufen, bei denen der Kontakt 1 im TAE-Stecker direkt mit dem Kontakt 6 verbunden ist. Gleiches gilt für die Kontakte 2 und 5. Damit ist man von der Eingangsschaltung der Nicht-Telefone (siehe Kapitel 5.3) weitgehend unabhängig. Die Anschlußbelegung solcher Kabel wird in *Abbildung 4.13* gezeigt.

Ich bin kein Beführworter solcher Kabel. Wenn man ein Faxgerät oder ein Modem mit einem solchen Kabel anschließt und während einer Datenübertragung den Hörer des Telefons abhebt, hört man die Signale der Übertragung im Hö-

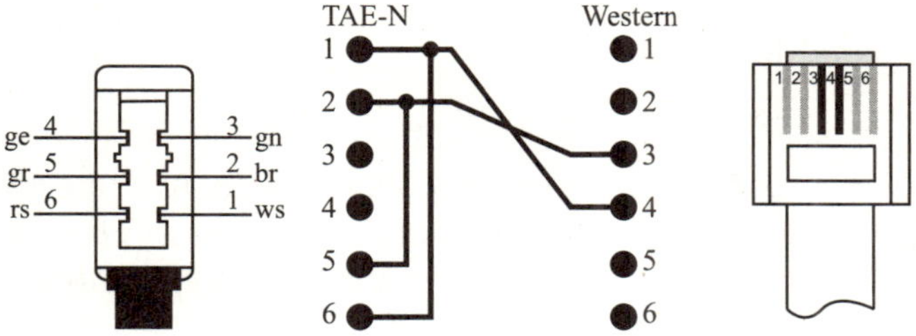

Abb. 4.13: N-kodiertes Anschlußkabel für ein Zusatzgerät

rer. Beim Abheben oder Auflegen des Hörers kann es dabei zu Übertragungsfehlern kommen. Warum sollte man während einer Faxübertragung den Hörer abheben, werden Sie jetzt vielleicht fragen. Es kann ja sein, daß jemand anderes, der von der Übertragung nichts weiß, weil er in einem anderen Raum ist, den Hörer abhebt, antworte ich darauf.

Universalkabel

Bei den Recherchen zu meinem ersten Buch habe ich auch einmal das Kabel an meinem Modem durchgemessen. Dieses Anschlußkabel habe ich in einem Elektronikgeschäft gekauft, es wurde also nicht beim Kauf des Modems mitgeliefert. Es war ausgeschrieben als Universalkabel für alle (wahrscheinlich alle importierten) Endgeräte. Der Vergleich mit der Belegung eines Anschlußkabels für Telefone von Telekom zeigt, daß es dort nicht funktionieren kann. Bei meinem Faxgerät würde es auch nicht funktionieren (siehe *Abbildung 4.12*). Nun, bei meinem Modem funktioniert es und die Anschlußbelegung sieht so aus:

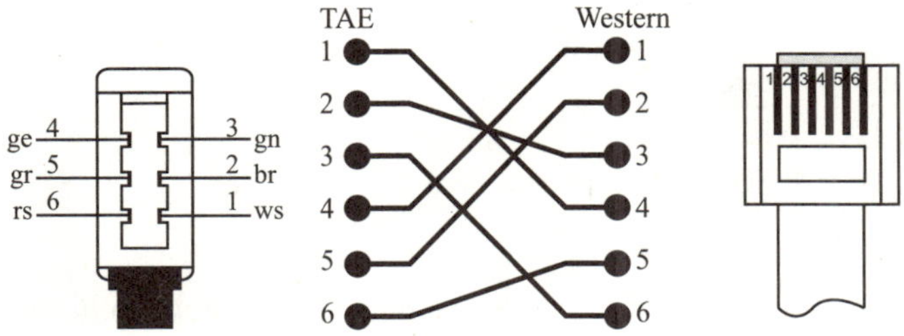

Abb. 4.14: Anschlußbelegung eines sog. Universalkabels

Bei näherem Hinsehen stellt man fest, daß der TAE-Stecker keine „Nase“ hat, was bedeutet, daß er sowohl in N-kodierte, als auch in F-kodierte Steckplätze von TAE-Dosen paßt. Dies erklärt auch den Namen Universalkabel. Natürlich kann man sich mit einer gewöhnlichen Feile aus einem N-kodierten oder F-kodierten Stecker jederzeit einen Universalstecker machen, aber besser ist es sicherlich, wenn man die Kodierung beibehält. Mit anderen Worten: Es ist sinnvoller, eine andere Dose einzubauen, als zu feilen.

La und Lb liegen bei den meisten Importgeräten auf den mittleren Kontakten des Western-Steckers. Wenn sonst keine Signale benötigt werden, funktioniert dieses Kabel tatsächlich universell, also für Importtelefone und auch für Modems oder Faxgeräte. Wie es aussieht, wenn man nach dem Faxgerät (oder dem Modem) noch ein Telefon an die gleiche Leitung anschließt, hängt davon ab, ob das Faxgerät (bzw. das Modem) La und Lb wieder auf den Klemmen 2 und 5 des Western-Steckers zurückführt. Nur dann stehen nämlich La und Lb wieder an den Kontakten 5 und 6 der TAE-Dose für weitere Endgeräte zur Verfügung. Wie bereits erwähnt, werde ich dies im Kapitel 5.3 anhand der Eingangsschaltung von Faxgeräten nochmals anschaulicher erläutern.

Der ursprünglich Zweck der Kodierung bei Telefonanschlüssen geht durch solche Universalkabel und andere universelle Anschlußeinheiten natürlich immer mehr verloren. Kürzlich habe ich eine TAE-NFN-Dose gesehen, bei der die beiden N-Buchsen sowohl die Nut für die N-Kodierung, als auch für die F-Kodierung hatten. Das bedeutet, daß man in die N-Buchsen die TAE-Stecker von allen denkbaren analogen Endgeräten einstecken kann. Das Lustige dabei: Diese Dose wurde von einem Mitarbeiter der Telekom installiert und auf der Dose stand groß „Telekom" drauf.

4.3 Adapter und Verlängerungskabel

Adapter gibt es in allen möglichen Variationen. Es gibt sie zum Beispiel als

- TAE-Stecker mit Western-Buchse
- Western-Stecker mit TAE-Buchse
- TAE-F-Stecker mit TAE-NFN-Anschluß
- TAE-F-Stecker mit TAE-NFN-Anschluß und Western-Buchse
- usw.

Aus einem Adapter TAE-F-Stecker mit TAE-NFN-Anschluß macht man aus einem F-Anschluß einen NFN-Anschluß. In dem Fall könnte man auch die TAE-Dose austauschen, was vom Preis her kaum einen Unterschied macht und sicherlich sauberer aussieht.

Was im Zusammenhang mit Adaptern besprochen wurde, gibt es auch als Kabel. So zum Beispiel gibt es Kabel mit Western-Stecker auf der einen Seite und TAE-Buchse auf der anderen Seite. Weiterhin bekommt man auch ganz

Abb. 4.15: TAE-Western-Adapter

gewöhnlich Verlängerungskabel, sprich TAE-Stecker auf der eine Seite, TAE-Buchse auf der anderen Seite. Es gibt auch TAE-Kabeltrommel, die denen für das Stromnetz gleichen. Im Unterschied zur Kabeltrommel für 230 Volt hat diese eben einen TAE-Stecker am Kabel und eine TAE-NFN-Dose an der Trommel.

5 Endgeräte

Einige Fragen zur analogen Telefontechnik sind jetzt noch offen oder nur unzureichend beantwortet. Eine davon ist zum Beispiel, warum man mehrere Geräte an eine TAE-Dose anschließen kann, obwohl doch durch das Einstecken des TAE-Steckers die Verbindung in der Dose zum nächsten Steckplatz für La und Lb unterbrochen wird. Hierauf und auch auf weitere noch offene Fragen will ich in diesem fünften Kapitel näher eingehen. Außerdem geht es mir hier darum, die einzelnen Endgeräte etwas genauer zu beschreiben und ich werde auf eventuelle Besonderheiten eingehen.

5.1 Telefone

Entwicklung im Laufe der Zeit

Zunächst ein paar Worte zur geschichtlichen Entwicklung des Telefons. Fangen wir einmal in der Nachkriegszeit an. 1948 war das folgende Telefonmodell, das 1936 bereits von der Firma Siemens entwickelt wurde, der neuste Schrei.

1963 wurde der W48 von diesen grauen häßlichen Apparaten verdrängt, an die sich die meisten wohl noch erinnern können. Ab 1972 kam dann Farbe ins

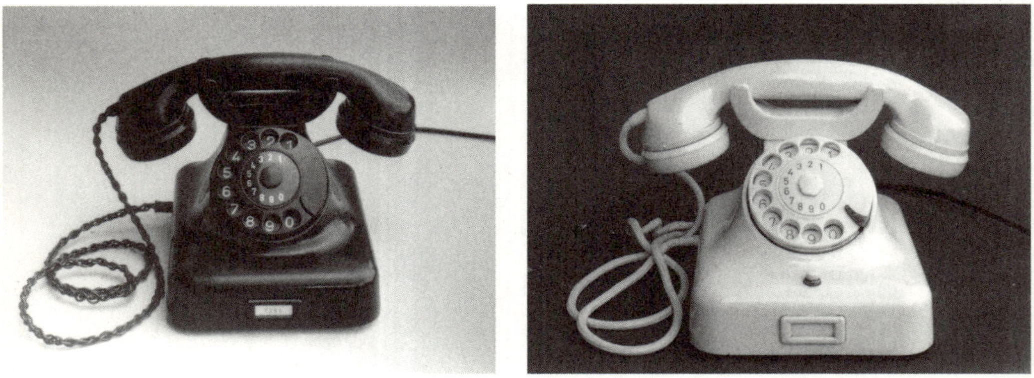

Abb. 5.1: W48, der Klassiker (rechts die elfenbeinfarbene Exklusivausgabe)

Spiel. Zwar waren es immer noch die gleichen Apparate, aber jetzt in rot, grün oder orange. 1977 gab es von der Post dann die ersten Tastentelefone. Ab Mitte der 80er bekam man die ersten Modelle, die von der Form her etwas ansprechender waren. Hier ein Bild des Modells DALLAS von 1985:

Abb. 5.2: Modell DALLAS

Das DALLAS hatte im Hörer ein beleuchtetes Tastenfeld. Außerdem bot es schon den Komfort der Wahlwiederholung. Während der Wecker der zuvor genannten Modelle noch mechanisch funktionierte, hatte das DALLAS einen elektronischen Signalgeber. Dies ist wohl auch der Grund für die kleinere Bauform. Diese Glocken in den alten Telefonen benötigten eine Menge Platz.

Trotz des Tastenfeldes konnte das DALLAS (zumindest das Modell aus dem Jahre 1985) noch keine Tonwahl. Eine spezielle Elektronik wandelte die Tastatureingaben so um, als hätte man mit der Wählscheibe Impulse erzeugt. Erst seit etwa 1990 werden keine Tastentelefone ohne die Möglichkeit der Tonwahl mehr hergestellt. Die heutigen Telefone können in der Regel beide Wahlverfahren.

Durch das Ende des Monopols der Bundespost in Bezug auf die Telefone kamen immer mehr Telefonapparate aus USA und aus Fernost in die deutschen Läden. Dadurch war die Post praktisch gezwungen, auch ein bißchen mehr Komfort anzubieten. Ein gutes Beispiel für ein komfortables einheimisches Telefon ist das Modell MODULA von 1990.

Abb. 5.3: Modell MODULA

Das MODULA kann Tonwahl und Impulswahl. Es hat einen eingebauten Lautsprecher zum sog. Lauthören und ein zusätzliches Mikrofon zum Freisprechen. Beim Freisprechen braucht man den Hörer zum Telefonieren überhaupt nicht mehr abzuheben. Weiterhin kann man bis zu 20 Telefonnummer im MODULA speichern und es besitzt ein Display zum Anzeigen der gewählten Rufnummer, der Telefongebühren und anderer Statusinformationen. Als weitere Leistungen wären zu nennen, daß man die Melodie des Weckers einstellen kann, daß man den Apparat absperren kann, daß man eine Nummer als Babyruf programmieren kann usw. Beim Babyruf (auch Direktruf) wählt das Telefon eine zuvor eingegeben Nummer, sobald man den Hörer abnimmt und irgendeine Taste drückt. Das kann nämlich sogar ein Kleinkind, das vielleicht abends alleine zu Hause ist.

Ebenfalls Anfang der 90er Jahre zogen die drahtlosen Telefone auf dem Markt ein. Oft werden die Geräte als schnurlose Apparate bezeichnet. (Ich habe zu dieser Terminologie bereits im Kapitel 4.2 meine Meinung kund getan.) Ein drahtloses Telefon besteht aus einer Basisstation, die mit dem Stromnetz und mit einer TAE-Dose verbunden wird, und einem Hörer, der mit der Basisstation per Funk kommuniziert. Die Reichweite ist bei allen Modellen in etwa gleich, sie beträgt ca. 50 m in Gebäuden und ca. 300 m im Freien. Bei etwas älteren Geräten funktioniert(e) die Funkübertragung analog. Dies bringt/ brachte unter Umständen Rauschen mit sich. Neuere drahtlose Telefone, wie zum Beispiel das SINUS 44, das Sie im Telekom-Katalog und in jedem guten Fachgeschäft finden, benutzen ein digitales Verfahren zur Kommunikation zwischen Hörer und Basisstation. Diese digitale Übertragung ist praktisch rauschfrei, sehr gut verständlich und weitgehend abhörsicher. Für drahtlose Telefone und Telefonanlagen mit digitaler Übertragung gibt es einen europäischen Standard, der als DECT[*] bezeichnet wird. Dem DECT aufgesetzt ist häufig das Funkprotokoll GAP[**]. Sie finden diese beiden Bezeichnungen bei den Leistungsmerkmalen (z.B. auf der Verpackung) von drahtlosen Telefonen. Fazit: Wenn ein drahtloses Telefon das Leistungsmerkmal DECT oder DECT-GAP aufweist, funktioniert die Übertragung digital, d.h. rauschfrei und nahezu abhörsicher bei höher Klangqualität.

Wie bei den drahtlosen Apparaten, so gibt es auch bei den sog. schnurgebundenen (ich erspare mir einen Kommentar) Modellen technische Neuerungen. Es gibt Telefone mit sprachgesteuerter Menüführung (Modell Speech AB, siehe Katalog der Deutschen Telekom) oder Apparate mit Wahlvorbereitung und Korrekturmöglichkeit. Bei der Wahlvorbereitung gibt man die Nummer ein, bevor man den Hörer abhebt. Wenn man sich vertippt hat, kann man dies direkt korrigieren und muß nicht, wie dies früher war, den Wählvorgang abbrechen und erneut von vorne beginnen.

Mit den Telefonen der neusten Generation können nun auch die Leistungsmerkmale des digitalen T-Net wie Rufumleitung, Makeln, Dreierkonferenz usw. genutzt werden. Mit neuen Standardtelefonen funktioniert dies mit Hilfe der Hook-Flash-Funktion und über spezielle Tastenkombinationen, die übrigens im Kapitel 9 genannt werden. Erst seit kurzem gibt es Apparate, z.B. das Modell TARSIS C, die für diese neuen Leistungsmerkmale vorgesehene Tasten oder Menüpunkte besitzen. Dies gab es bis 1997 nur bei ISDN-Telefonen. Neben Rufumleitung, Makeln und Dreierkonferenz kann ein „Rückruf bei Besetzt" initiiert werden und es kann die Rufnummer (oder sogar der Name) eines Anrufers angezeigt werden, noch bevor man den Hörer abhebt. Telefone für einen herkömmlichen Anschluß, die die Rufnummer eines Anrufers anzeigen, gibt es zur Zeit noch nicht so viele. Unterstützt wird dieses Leistungs-

* DECT: Digital European Cordless Telecommunication

** GAP: Generic Access Profile

merkmal z.B. von den oben bereits erwähnten Modellen TARSIS C und SINUS 44.

Die Begriffe Makeln, Rufumleitung, Hook-Flash usw. werden alle im Kapitel 9 erklärt, in dem auch noch weitere Leistungsmerkmale des digitalen T-Net beschrieben werden.

Eingangsschaltung eines Telefons und Funktionen der W- und E-Ader

Vom neusten Stand der Technik nochmals zurück zu den Apparaten, die eine mechanische Klingel hatten. Eine solche Klingel würde beim Impulswahlverfahren auf die Impulse beim Wählen reagieren, wenn sie nicht während des Wählvorgangs abgeschaltet wäre. Aus dieser Tatsache ergab sich die Notwendigkeit des W-Signals, das benötigt wurde, um einen zusätzlichen Wecker anzuschließen. Auf die Dauer wäre es sicherlich sehr störend gewesen, wenn bei jedem Wählvorgang irgendwo ein relativ lauter Wecker mitgeläutet hätte. Schauen wir uns einmal die Eingangsschaltung eines etwas älteren Telefons an:

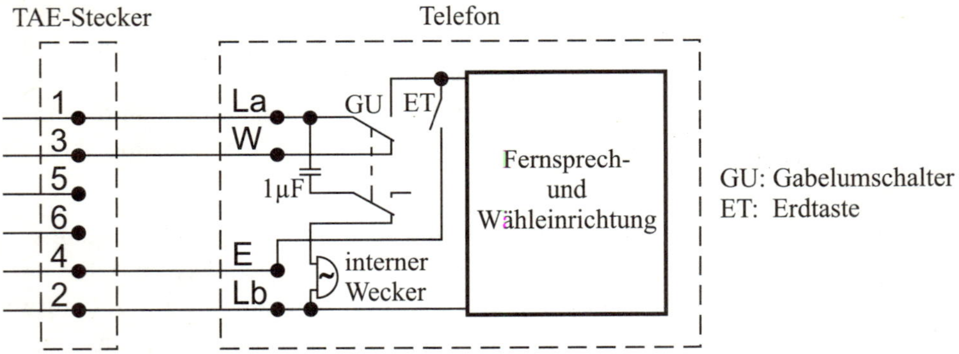

Abb. 5.4: Eingangsschaltung eines etwas älteren Telefons der Deutschen Post

Im gezeigten Zustand liegt der Hörer auf der Gabel, die beiden Gabelumschalter liegen also auf den unteren Kontakten. Auf Klemme 3 (W-Signal) des TAE-Steckers und somit der TAE-Dose steht La an. Das W-Signal ist also lediglich La bei aufliegendem Hörer. Weiterhin wird La auf den internen Wecker des Telefons geleitet. Das Rufsignal, welches man hört, wenn man jemanden anruft, bringt den oder die Wecker dann zum Läuten. Sobald man den Hörer abhebt, wird La auf die Fernsprech- und Wähleinrichtung geschaltet. Am W-Anschluß liegt dann nichts mehr an und auch der interne Wecker des Telefons, bei dem man abgehoben hat, ist dann nicht mehr am Netz. Dies hört sich nun so an, als würde der Wecker nur deshalb nicht mehr läuten, weil er weggeschaltet wurde. Wenn man jedoch den Wecker nicht vom Netz schalten würde, würde er auch nicht mehr läuten. Der Wecker reagiert auf den Rufton, der ja beim Aufbau einer Verbindung von der Vermittlungsstelle ausgeschaltet wird.

Sowohl also externe Wecker (diese werden an den Klemmen 3 und 1 der TAE-Dose angeschlossen), als auch der interne Wecker sind weggeschaltet, sobald man den Hörer abnimmt. Der einzige Grund, warum man dies so realisiert hat, war, weil mechanische Wecker auf die Impulse des Impulswahlverfahrens reagieren. Beim Wählen der 8 würde dabei der Klöppel des Weckers achtmal gegen die Glocke schlagen. Bastler, die schon mehrere Telefone mit mechanischen Weckern parallel geschaltet haben, kennen dies. Fazit: Dadurch, daß beim Abheben des Hörers der Wecker weggeschaltet wurde, konnte er beim Wählen nicht mitläuten.

Die heutigen elektronischen Wecker läuten beim Wählen mit Impulsen nicht mit und beim Tonwahlverfahren läutet sowieso kein Wecker mehr mit. Die W-Ader ist also überflüssig geworden und wird deshalb, wie bereits erwähnt, von den meisten neueren Telefonen überhaupt nicht mehr zur Verfügung gestellt. Nur zum Betreiben von AWADo-Schaltungen wird noch eine W-Ader benötigt. Mehr hierzu im Kapitel 7.1.

Aus *Abbildung 5.4* wird auch die Funktion der Erdtaste deutlich. Beim Drükken der Erdtaste (diese ist nicht an jedem Telefon vorhanden) wird La auf Erde geschaltet. Das E-Signal wird in der Regel nur bei älteren Telefonanlagen zur Amtsholung benötigt. Also auch das E-Signal ist heutzutage überflüssig geworden, sofern die Telefone nicht an einer älteren Telefonanlage angeschlossen sind.

Einstellen und Umschalten des Wahlverfahrens

Wahrscheinlich gibt es in Deutschland noch sehr viele Telefone, bei denen das Impulswahlverfahren eingestellt ist. Dies liegt daran, daß bis vor kurzem beim Kauf eines Telefons das Impulswahlverfahren voreingestellt war oder manchmal auch heute noch voreingestellt ist. Das Impulswahlverfahren arbeitet zwar langsamer, aber es wird von jedem analogen Telefonanschluß in Deutschland unterstützt. Stellen Sie sich mal vor, Sie hätten 1996, als noch nicht alle Vermittlungsstellen digitalisiert waren, ein Telefon gekauft, hätten dies angeschlossen und es wäre beim Wählen keine Verbindung aufgebaut worden. Mit hoher Wahrscheinlichkeit hätten Sie das Telefon als angeblich defekt zurückgebracht und wären nicht auf die Idee kommen, das Wahlverfahren von Tonwahl auf Impulswahl umzustellen. Es machte also bis Ende 1997 schon Sinn, daß das Impulswahlverfahren bei neuen Telefonen voreingestellt war. Wie kann man das Wahlverfahren aber nun umstellen?

Zunächst müssen wir hier unterscheiden zwischen:

- Umschalten des Wahlverfahrens
- Einstellen des Wahlverfahrens

Beim *Umschalten* des Wahlverfahrens wird von einem Wahlverfahren auf das andere umgeschaltet, wobei diese Einstellung nur bis zum nächsten Auflegen des Hörers erhalten bleibt. Dies kann z.B. von Vorteil sein, wenn das Telefon standardmäßig auf Impulswahl stehen soll, weil die hausinterne Telefonanlage das Tonwahlverfahren nicht unterstützt, und man einen Anrufbeantworter per Tonwahl abhören will. Man wählt dann per Impulswahl den Anrufbeantworter an, schaltet während dem Gespräch auf Tonwahl und kann dann so die Steuersignale für den Anrufbeantworter eingeben. Beim nächsten Abheben des Hörers ist dann automatisch wieder das Impulswahlverfahren eingestellt. Wenn das Telefon ein Display hat, wird das eingestellte Wahlverfahren evtl. auch angezeigt. Für Impulswahl steht im Display ein Piktogramm mit Rechteck-Impulsen, für Tonwahl sind es Noten.

Dieses zeitweise Umschalten des Wahlverfahrens funktioniert bei den meisten Telefonen mit folgender Tastenkombination:

- SET-Taste drücken
- Stern-Taste drücken
- SET-Taste drücken

Sollte dies bei Ihrem Telefon nicht funktionieren, schauen Sie in der Bedienungsanleitung nach.

Beim *Einstellen* des Wahlverfahrens bleibt die Einstellung erhalten. Falls Ihr Anschluß es erlaubt und falls Ihre Endgeräte dies unterstützen, sollten Sie Ihr(e) Telefon(e), falls noch nicht geschehen, auf Tonwahl umstellen. (Der einzige Grund, warum es der Anschluß nicht erlauben sollte ist der, daß Sie eine alte Telefonanlage betreiben, die keine Tonwahl kann.) Der Verbindungsaufbau funktioniert dann schneller und außerdem können die neuen Dienste des Telefonnetzes nur per Tonwahl genutzt werden. Wie das Wahlverfahren bei Ihrem Telefon eingestellt wird, entnehmen Sie bitte der Bedienungsanleitung zum jeweiligen Gerät. Ein globale Vorgehensweise gibt es hier nicht. Die entsprechende Prozedur ist meistens auch relativ aufwendig und logisch nicht nachvollziehbar. Bewahren Sie deshalb die Bedienungsanleitung zu Ihrem Telefon gut auf. Als Beispiel will ich die Prozedur nennen, mit der ich mein MODULA dauerhaft von Impulswahl auf Tonwahl umstellen kann:

- SET-Taste drücken
- 1 drücken
- 1590 wählen
- Wahlwiederholungstaste drücken
- 037 wählen
- SET-Taste drücken

Sie stimmen mit sicherlich zu, wenn ich behaupte, daß man dies nicht durch Ausprobieren herausfindet.

Die Funktion der R-Taste

Die meisten Tastentelefone besitzen eine Taste, auf der ein „R“ für Rückfrage steht (rechte, untere Taste in *Abbildung 5.3*). Diese R-Taste hieß früher Erdtaste, heute wird sie Signaltaste genannt.

Die R-Taste kommt bei Nebenstellenanlagen oder bei der Nutzung der neuen Leistungen (Anklopfen, Makeln, Dreierkonferenz usw.) mit einem herkömmlichen Telefonanschluß zum Einsatz. Kenntnisse über die Funktion der R-Taste sind also für Sie dann von Bedeutung, wenn Sie Ihr Telefon an einer Telefonanlage betreiben möchten oder die neuen Leistungsmerkmale des Telefonnetzes nutzen wollen.

Die R-Taste kann mit zwei bzw. mit drei verschiedenen Funktionen belegt werden. Bei Impulswahl ist die R-Taste (wie früher) eine Erdtaste. Beim Drükken wird also eine Verbindung zur Klemme 4 der TAE-Dose hergestellt (siehe *Abbildung 5.4*). Bei Mehrfrequenzwahl kann die R-Taste ebenfalls auf Erde schalten oder es wird beim Drücken ein Flash erzeugt. Was ist denn das jetzt schon wieder? Ein Flash (engl. für Blitz) ist eine kurze Unterbrechung (ca. 80 ms) der Verbindung. Dadurch gibt man z.B. einer Telefonanlage bekannt, daß man etwas von ihr haben will. Ein Flash wird von den meisten Geräten als solcher erkannt, wenn die Unterbrechung zwischen 60 ms und 100 ms dauert.

Was macht man, wenn man ein altes Telefon, wie den W48 an einer Telefonanlage betreiben will, für die man z.B. zum Weiterverbinden einen Flash erzeugen muß? Theoretisch könnte man einen Flash manuell erzeugen, indem man für 80 ms den Hörer auflegt. Das schafft man aber nicht, 80 ms sind zu kurz. Aber es gibt eine Möglichkeit, die sehr erfolgversprechend ist: Man wendet den Flash-Trick an. (Vielleicht lasse ich mir diesen Trick und auch den Ausdruck einmal patentieren.) Schauen wir uns dazu nochmals die Abbildung

1.5 an. Beim Impulswahlverfahren wird beim Wählen jeder Ziffer doch so etwas ähnliches erzeugt, wie ein Flash. Und in der Tat, bei den meisten Telefonanlagen kann man im Impulswahlverfahren einen Flash dadurch erzeugen, daß man die eins wählt. Ich werde auf diesen Flash-Trick im Zusammenhang mit Telefonanlagen noch zu sprechen kommen. Er ermöglicht es in den meisten Fällen, viele Leitungsmerkmale einer modernen Telefonanlage mit jedem alten Telefon zu nutzen. Voraussetzung ist lediglich, daß die Telefonanlage das Impulswahlverfahren kann. Ich kann zwar nicht garantieren, daß der Flash-Trick bei allen Telefonanlagen, die Impulswahl können, funktioniert, aber er hat bei allen Anlagen funktioniert, bei denen ich es ausprobiert habe, und das waren schon einige.

Ein Flash kann, genau wie die Erde als Signaltastenbelegung, zur Amtsholung bei Telefonanlagen benutzt werden. Von Vorteil ist hier, daß bei einem Flash keine Erdleitung an den TAE-Dosen benötigt wird, was die Installationen entsprechend vereinfacht. Telefonanlagen, bei denen die Amtsholung mit einer Erdtaste funktioniert, findet man heute übrigens kaum noch.

Bei elektronischen Telefonen, z.B. dem MODULA, kann man also einstellen, ob die Signaltaste einen Flash erzeugen oder auf Erde schalten soll. Solche Dinge kann man der Bedienungsanleitung zum jeweiligen Telefon entnehmen. Bei der Bedienungsanleitung zu meinem MODULA steht dies im Abschnitt „Einstellen des Wahlverfahrens“. Weiter oben habe ich ja die Prozedur zum Einstellen des Wahlverfahrens von meinem MODULA beschrieben. Die Kodenummer 037 bedeutet Mehrfrequenzwahlverfahren und Signaltaste mit Flash-Funktion, 036 würde bei Mehrfrequenzwahl die Signaltaste als Erdtaste belegen. Bei Bedienungsanleitungen zu anderen Telefonen habe ich die Beschreibung zur Einstellung der Funktion der R-Taste übrigens auch schon im Abschnitt „Betrieb an einer Telefonanlage“ gesehen.

Bei vielen neuen Apparaten (ab 1994) kann man die R-Taste auch für die Hook-Flash-Funktion programmieren. Der Hook-Flash (auch langer Flash) dient, zur Nutzung der neuen Leistungsmerkmale des T-Net und wird im Kapitel 9 erklärt.

5.2 Zusätzliche Wecker

Einen zusätzlichen Wecker benötigt man unter anderem in Räumen mit größerer Umgebungslautstärke, z.B. in Werkshallen. Gehen wir zunächst von einem mechanischen Wecker aus, der bei Wählen im Impulswahlverfahren mitläuten würde. Ein solcher Wecker sollte über die W-Ader angeschlossen werden. Die Installation sieht folgendermaßen aus:

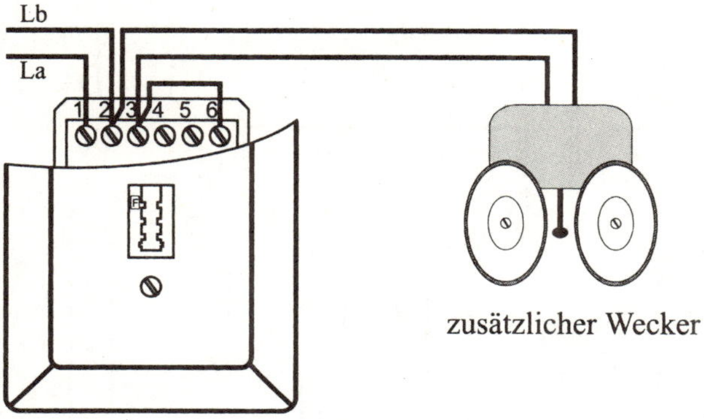

Abb. 5.5: Zusätzlicher Wekker über die W-Ader angeschlossen

Der Wecker wird an Klemme 3, also an das W-Signal und an Klemme 2, also an Lb angeschlossen. Damit der Wecker bei aufliegendem Hörer läutet, muß er zwischen La und Lb „hängen“. Dies ist der Fall, weil vom Telefon bei aufliegendem Hörer La ja auf Klemme 3 geschaltet wird (siehe Abbildung 5.4). Die Brücke von Klemme 6 auf Klemme 3 wird gelegt, damit der zusätzliche Wecker auch dann klingelt, wenn kein Telefon eingesteckt ist. In dem Fall wird nämlich in der Dose La auf Klemme 6 durchgeschaltet (siehe Abbildung 3.3) und somit liegt der Wecker auch dann zwischen La und Lb, wenn kein Telefon angeschlossen ist.

Bei einer Schaltung mit mehreren TAE-Dosen wird eine dritte Leitung für das W-Signal an der Klemme 3 einer jeden TAE-Dose angeschlossen. Die Brücke zwischen Klemme 3 und Klemme 6 ist in die letzte Dose in der Reihe einzubauen. Wird nun der zusätzliche Wecker an die Klemmen 2 und 3 der ersten Dosen angeschlossen (Abbildung 5.6), läutet er immer, egal ob ein Telefon eingesteckt ist oder nicht.

Wie bereits erwähnt wird, oder besser gesagt wurde, der ganze Aufwand mit dem W-Signal nur betrieben, weil ein mechanischer Wecker beim Wählen im Impulswahlverfahren mitklingelt. Heute sind die (zusätzlichen) Wecker von elektronischer Art und das Impulswahlverfahren wird immer mehr durch das Tonwahlverfahren ersetzt. Die Verwendung einer W-Ader ist unnötig geworden. Importtelefone und auch die meisten neueren Telefone der Telekom stellen das W-Signal überhaupt nicht mehr zur Verfügung. Wenn Sie ein solches Telefon an der in Abbildung 5.6 gezeigten Anlage betreiben, funktioniert der zusätzliche Wecker nicht. Warum beschreibe ich diese Technik dann? Ich wollte auf die in den Abbildungen 5.5 und 5.6 gezeigten Installationen einge-

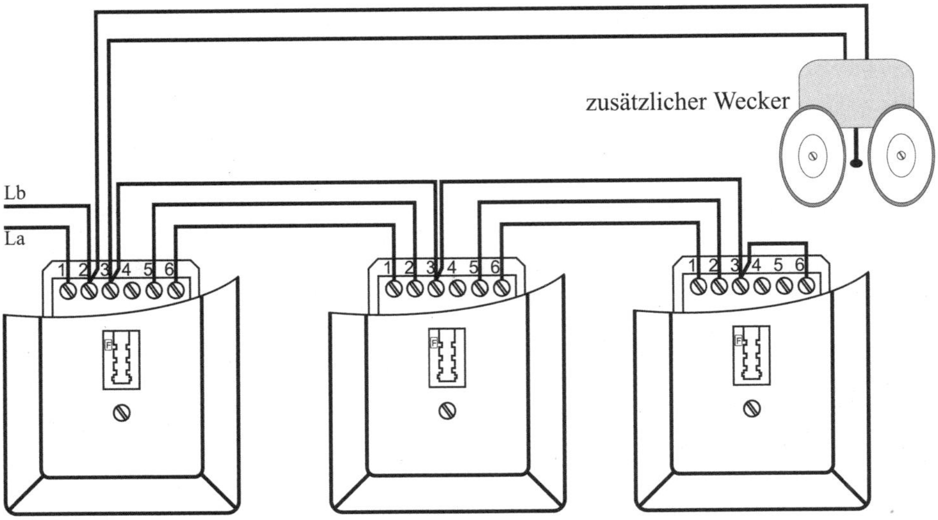

Abb. 5.6: Zusätzlicher Wecker bei mehreren TAE-Dosen in Reihe

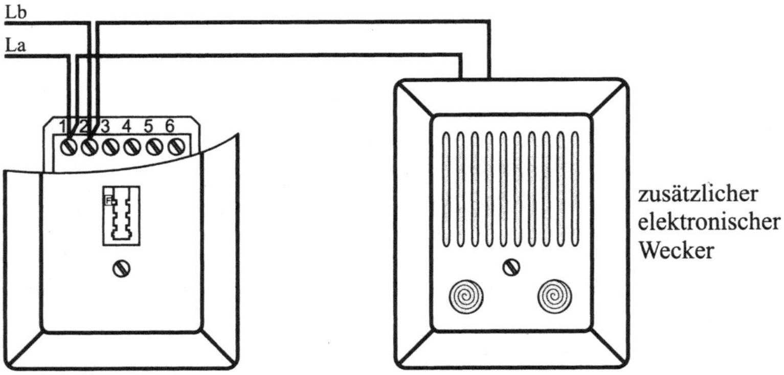

Abb. 5.7: Anschluß eines zusätzlichen elektronischen Weckers

hen, weil es in Deutschland noch viele Anlagen gibt, bei denen die TAE-Dosen genau so angeschlossen sind. Mitarbeiter der Telekom haben dies bis vor einigen Jahren standardmäßig so installiert, auch wenn kein zusätzlicher Wecker montiert wurde.

Heute wird ein zusätzlicher Wecker entweder einfach parallel zum Telefon geschaltet (*Abbildung 5.7*) oder über eine N-kodierte Anschlußleitung an einer TAE-Dose angeschlossen (*Abbildung 5.8*).

Aus der Schaltung in Abbildung 5.7 geht nochmals hervor, daß ein Wecker schlicht zwischen La und Lb „hängt". Eine solche Installation wirkt sich beim Telefonieren nicht nachteilig aus. Die Elektronik des Weckers reagiert nur auf

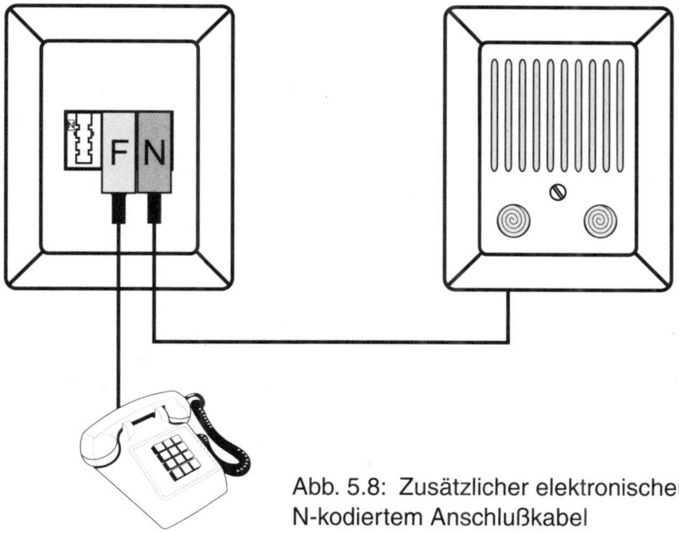

Abb. 5.8: Zusätzlicher elektronischer Wecker mit N-kodiertem Anschlußkabel

den Rufton von der Vermittlungsstelle und nicht, wie mechanische Wecker, auf die Impulse beim Wählen. Aus diesem Grund sind die neueren Wecker mit einem N-kodierten Anschlußkabel versehen und können somit einfach an einer TAE-Dose angeschlossen werden.

Die beiden Leitungen La und Lb werden hier einfach durch den Wecker durchgeschleift und zu den Klemmen 5 und 6 des N-kodierten Steckplatzes der TAE-Dose zurückgeführt, so daß sie für ein nachfolgendes Telefon ebenfalls zur Verfügung stehen (vgl. hierzu Abbildung 3.6).

5.3 Faxgeräte

In diesem Kapitel will ich nicht nur auf das Faxgerät selbst eingehen, sondern auch auf ein paar Grundlagen zum Thema Faxen.

Ein Blatt in ein Faxgerät zu legen, eine Telefonnummer einzugeben und den Startknopf zu drücken bedarf im Allgemeinen keiner näheren Erläuterung. Um jedoch die Einstellungen bei der Inbetriebnahme eines Faxgeräts vorzunehmen, sind ein paar grundsätzliche Kenntnisse über das Faxen nötig.

Prinzipielle Funktion

Faxen ist eine spezielle Art der Datenfernübertragung. Fax ist die Abkürzung für Facsimile, zu deutsch getreue Abbildung. Man spricht auch von Telefax

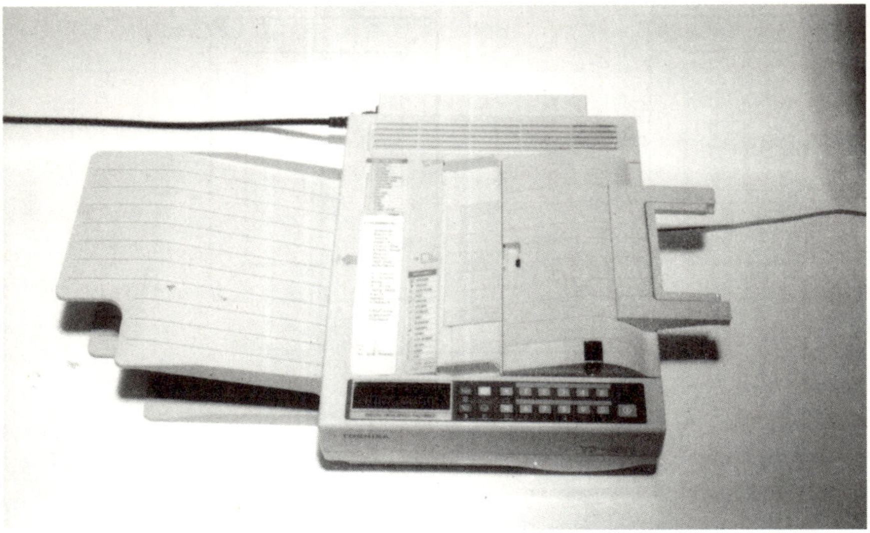

Abb. 5.9: Typisches Faxgerät

oder Fernkopie(rer). Beim Versenden einer Telefaxnachricht wird der Inhalt einer oder mehrerer beschriebener Seiten optisch „abgetastet“ und in elektronische Daten umgewandelt. Optisches Abtasten bedeutet hier, daß das Blatt in einige Tausend kleiner Kästchen unterteilt wird (bei einem DIN-A4-Blatt etwa in 40.000) und ein Scanner dann feststellt, welches Kästchen schwarz und welches weiß ist. Die Daten, die man dadurch erhält, werden über die Telefonleitung geschickt und auf der Empfängerseite von einem Faxgerät umgewandelt und ausgedruckt oder von einem PC als Datei auf der Festplatte abgespeichert.

Beim Faxen werden also nicht, wie z.B. bei Telex, einzelne ASCII*-Zeichen (Buchstaben, Ziffern oder Satzzeichen) eines Schriftstücks gesendet, sondern eine Vorlage wird originalgetreu abgelichtet und übertragen. Telex kann nur einen Text übertragen, der vorher in ein Telexgerät eingegeben wurde. Beim Faxen ist es letztendlich egal, was auf der Seite steht, ob ein Bild oder ein Text. Es wird einfach eine Kopie von einem Dokument gemacht, die dann auf einem Faxgerät, das irgendwo auf der Welt steht, ausgegeben wird. Dies erklärt auch den Namen Fernkopierer.

Die Daten die man beim Faxen durch das Abtasten erhält, sind übrigens mit Computerdaten vergleichbar. Deshalb ist es auch nicht verwunderlich, daß man mit einem PC und einem Modem (oder einer ISDN-Karte) ebenfalls Faxnachrichten senden und empfangen kann.

* ASCII: American Standard Code for Information Interchange; zu deutsch: Amerikanischer Standardcode für Informationsaustausch

ITU/TS-Empfehlungen für Faxgeräte

Von der ITU* gibt es zur Zeit vier TS-Empfehlungen für Faxgeräte; diese heißen Gruppe 1, 2, 3 und 4. Faxgeräte der Gruppe 1 und der Gruppe 2 sind heute ohne Bedeutung. Die Geräte der Gruppe 3 haben sich international durchgesetzt. Die Gruppe 4 ist eine Empfehlung für ISDN-Faxgeräte.

Auflösung

Die Auflösung beim Abtasten einer Faxvorlage wird, wie bei Druckern oder bei Scannern, in dpi** angegeben. Bei Faxgeräten der Gruppe 3 kann man in der Regel zwischen zwei verschiedenen Auflösungen wählen:

Standardeinstellungen:	200 dpi horizontal und 100 dpi vertikal
Feineinstellungen:	200 dpi horizontal und 200 dpi vertikal

Übertragungsparameter

Normalerweise wird ein Fax bei Gruppe 3-Geräten schwarz/weiß mit 200 x 100 dpi abgetastet. Will man nun Bilder übertragen, ist es nötig, für die Übertragung mehrere Graustufen anzugeben und evtl. die Auflösung zu erhöhen.

Vor der Übertragung von Faxnachrichten kann man am Gerät (oder bei einer Faxsoftware) einige Parameter einstellen. Dies sind z.B. die Auflösung (Standard oder fein), schwarz/weiß oder Graustufen und auch die Übertragungsgeschwindigkeit über die Telefonleitung.

Übertragungsgeschwindigkeit

Wie bereits erwähnt sind Faxdaten mit Computerdaten vergleichbar. Die Übertragungsgeschwindigkeit für Faxgeräte wird deshalb, wie bei der EDV üblich, in Bit pro Sekunde (Bit/s oder BPS) angegeben. Ältere Faxgeräte können Daten mit 4800 Bit/s übertragen, später folgte eine Geschwindigkeit von 7200 BPS und dann 9600 BPS. Heutige Faxgeräte und Fax-Modems können mit 14400 Bit/s übertragen. Dies funktioniert aber natürlich nur, wenn der Empfänger diese Geschwindigkeit auch kann. Die meistens Faxgerät der Gruppe 3 können „nur" 9600 Bit/s. Faxgeräte der Gruppe 4 (ISDN) übertragen übrigens mit 64000 BPS.

* Von der ITU (International Telecommunication Union) werden Empfehlungen, Standards und Normen in der Telekommunikationstechnik verwaltet. Die ITU ging 1994 aus dem bis dahin zuständigen Komitee CCITT (Comitée Consultativ International Télégraphique et Téléphonique) hervor. ITU/TS steht für ITU/Telecommunication Standards.

** dpi: dots per inch, zu deutsch Punkte pro Zoll

Beim Faxen mit Geräten der Gruppe 3 und der Gruppe 4 werden die Daten für die Übertragung komprimiert. Das bedeutet, daß Seiten auf denen wenig steht, schneller übertragen werden, als vollgeschriebene Seiten. Faxvorlagen sollten aus diesem Grund keine Linien oder sonstige unnötige Grafiken enthalten. Schon gar nicht sollte man weiß auf schwarz übertragen. Für die Datenkomprimierung wird nämlich schwarze Schrift auf weißem Papier vorausgesetzt. Wenn man nun eine dunkle Vorlage hat kann dies dazu führen, daß die Übertragung einer solchen Seite 10 bis 15 Minuten dauert. Bei dem gleichen Dokument schwarz auf weiß dauert die Übertragung etwa eine Minute.

Standardübertragung

Wenn man beim Versenden eines Faxdokuments keine Angaben macht, wird dieses mit Standardeinstellungen übertragen. Dabei wird ein Modus gewählt, den beide Geräte können. In der Regel bedeutet dies bei Gruppe 3-Geräten 9600 Bit/s, schwarz/weiß-Modus (also keine Graustufen) und eine Auflösung von 200 x 100 dpi.

Handshake

Vor und nach der eigentlichen Faxübertragung tauschen die beiden Geräte, die an der Kommunikation beteiligt sind, Informationen untereinander aus. Das funktioniert bildlich gesprochen etwas so:

Eine Verbindung wird aufgebaut und das Empfängergerät „hebt ab“.

Empfängergerät: Ich bin „auf Draht“.

Sendegerät: Ich will Dir was schicken, kannst Du 9600 Bit/s?

Empfängergerät: Ja.

Sendegerät: Meine Einstellungen sind 200 x 100 dpi, schwarz/weiß

Empfängergerät: OK, ich stelle mich darauf ein.

Sendegerät: Sag mir, wenn Du zum Empfang bereit bist.

Empfängergerät: Ich bin bereit.

Das Sendegerät beginnt mit der Übertragung.

Diese Kommunikation zwischen den Geräten nennt man Handshake. Es werden also neben den eigentlichen Faxdaten noch weitere Informationen übertragen:

- Vor der Übertragung einigen sich die Geräte auf eine Übertragungsgeschwindigkeit und auf eine Auflösung. Wenn am Sendegeräte keine expliziten Angaben gemacht werden, wird mit Standardauflösung und mit maximal möglicher Geschwindigkeit übertragen.

- Nach der Übertragung der sog. Nutzdaten (dies sind die Daten des zu übertragenden Schriftstücks) teilt der Empfänger dem Sender mit, ob alle Daten fehlerfrei empfangen wurden. Das Übertragungsprotokoll beim Faxen beinhaltet also nicht nur eine Datenkomprimierung, sondern auch eine Fehlererkennung.

- Wenn das Faxgerät entsprechend konfiguriert ist, druckt das Sendegerät nach der Übertragung einen Sendebericht, aus dem einige Information zur Übertragung hervorgehen (siehe weiter unten).

Kennung und Info-Text

Neben den Handshake-Signalen werden vor den Nutzdaten die sog. Kennung des Senders und ein Info-Text übertragen.

Die Kennung ist in aller Regel die eigene Faxnummer, die dem Gerät bei der Inbetriebnahme einprogrammiert wurde. Es hat sich hier eingebürgert, daß man die Faxnummer so eingibt, als wolle man das Gerät von USA aus anwählen. Die Telefonnummer 06842/7380 wird also wie folgt angegeben: +49 6842 7380. Die 49 ist dabei die Länderkennzahl von Deutschland. Das Plus-Zeichen kann man etwa so interpretieren: Wähle die Vorwahl für internationale Gespräche (in USA z.B. 001, in Deutschland 00) *und* dann die folgende Nummer.

Der Info-Text wird ebenfalls bei der Inbetriebnahme des Faxgeräts bzw. der Fax-Software einprogrammiert. Er besteht aus einem Text und umfaßt max. 40 (ASCII-)Zeichen. Es ist üblich hier den Namen bzw. den Firmennamen anzugeben.

Kopfzeile

Die Kennung, der Info-Text, Datum und Uhrzeit der Übertragung sowie Anzahl der Seiten und die aktuelle Seitenzahl werden (bei den meisten Faxgeräten) auf dem empfangenen Fax in einer Kopfzeile vor den eigentlichen Daten ausgedruckt. Man erkennt daraus dann direkt, von wem das Fax gesendet wurde und wie dessen Faxnummer ist. Kennung und Info-Text stehen natürlich nur dann in der Kopfzeile, wenn diese beim Sender einprogrammiert wurden.

Sendebericht

Über den Empfang und das Versenden von Faxen wird Bericht geführt. Bei Faxgeräten kann man, je nach Gerät, die Daten der letzten 10 bis 20 (begrenzte Speicherkapazität) gesendeten und empfangen Faxe abrufen; beim PC werden alle Vorgänge in eine Datei geschrieben. Dabei werden folgende Daten abgespeichert:

- Datum und Uhrzeit der Übertragung
- Dauer der Übertragung (in Minuten und Sekunden)
- Anzahl der Seiten
- einige Statusinformationen (Übertragung gelungen oder fehlerhaft, wenn fehlerhaft, warum usw.)
- Faxnummer und evtl. Kennung und Info-Text beim Sendegerät
- Kennung und evtl. Info-Text beim Empfangsgerät

Das Faxgerät druckt je nach Einstellung nach jedem oder auch nach jedem zehnten Sendevorgang einen Sendebericht. Der Sendebericht enthält Statusinformationen zur Übertragung. Man bekommt eine Bestätigung (OK-Vermerk im Sendebericht), wenn eine Faxnachricht beim Empfangsgerät fehlerfrei angekommen ist. Ein Fax ist deshalb vom Status her eigentlich vergleichbar mit einem Einschreiben. Nach einem Gerichtsurteil des VIII. Zivilsenats des Bundesgerichtshofs vom 7. Dezember 1994 (AZ: VIII ZR 153/93) wird ein Fax jedoch nicht als ein solches anerkannt. In diesem Urteil heißt es: „Ein OK-Vermerk im Sendebericht liefert allenfalls ein Indiz, rechtfertigt aber keinen Anscheinsbeweis für den Zugang der Faxnachricht." Sie finden nähere Informationen dazu unter folgender Internet-Adresse: *http://www.jura.uni-sb.de*. Geben Sie als Suchbegriff das Aktenzeichen ein.

Gebühren

Die Gebühren zum Versenden einer Faxnachricht sind identisch mit denen eines Telefongesprächs der gleichen Länge. Je kürzer also die Übertragung, desto weniger Telefonkosten fallen an.

Wenn Sie möglichst günstig übertragen wollen, beachten Sie die Hinweise bezüglich der Übertragungsgeschwindigkeit von Faxgeräten (siehe weiter oben) und senden Sie Ihr Fax dann, wenn das Telefonieren „billig" ist. Die meisten Faxgeräte kann man so programmieren, daß ein Fax zu einer bestimmten Uhrzeit (z.B. nachts) weggeschickt wird. Dabei legt man das Original in den dafür vorgesehenen Schacht und gibt eine Uhrzeit ein, anstatt die Übertragung sofort zu starten. In diesem Modus kann das Faxgerät selbstverständlich ankommende Faxnachrichten empfangen.

Drucktechnik

Herkömmliche Faxgeräte benutzen für den Ausdruck Thermopapier auf Rollen. Diese Technik hat gewisse Vorteile: Zum ersten benötigt man zum Drukken lediglich eine Wärmequelle und keine Tinte, kein Farbband, kein Toner oder ähnliches. Dadurch kommt man mit sehr wenig Platz aus. Faxgeräte mit Thermopapier können also in sehr kleinen Gehäusen untergebracht werden. Außerdem entstehen, außer für das Thermopapier, keinerlei laufende Kosten. Ein wesentlicher Nachteil dieser Technik ist, daß nach spätestens zwei bis drei Jahren der Ausdruck auf dem Thermopapier so verblaßt ist, daß man nichts mehr lesen kann. Wenn man an Dokumente denkt, die längere Zeit aufbewahrt werden müssen, wird dieser Nachteil deutlich. Neuere Geräte in gehobener Preisklasse drucken deshalb auf „echtes" Papier. Die Drucktechnik solcher Faxgeräte entspricht der eines Fotokopierers. Die Geräte sind entsprechend größer als Thermopapier-Faxgeräte.

Eingangsschaltung und Installation von Faxgeräten

Ein Faxgerät ist meistens einem Telefon an der gleichen TAE-Dose vorgeschaltet. Hier stellt sich nun die Frage, warum beide Geräte an einer Dose betrieben werden können. Zur Erklärung gehen wir von folgendem Fall aus: An einer TAE-NF-Dose wird ein Faxgerät und ein Telefon angeschlossen. *Abbildung 5.10*, bei der auch nochmals die Dosenschaltung einer NF-Dose gezeigt wird, stellt die Situation dar.

Aus der Dosenschaltung erkennt man, daß beim Einstecken des TAE-N-Steckers des Faxgeräts La und Lb in der Dose nicht mehr an den F-Anschluß geschaltet sind. Das würde bedeuten, daß das Telefon nicht am Netz hängt. Diese Schaltung ist jedoch von der Telekom für Faxgerät und Telefon vorgesehen. La und Lb müssen somit *vom Faxgerät*, wenn dieses nicht aktiv ist, wieder zur TAE-Dose zurückgeleitet werden. Damit dies geschieht, muß ein Faxgerät eine Eingangsschaltung haben, wie sie in *Abbildung 5.11* dargestellt wird. Weiterhin muß natürlich die Belegung des Anschlußkabels stimmen.

Solange das Faxgerät nicht in Betrieb ist, werden La und Lb über die gezeigten Schalter auf die Kontakte 5 und 6 des TAE-Steckers und somit zurück zur TAE-Dose geleitet. Beim Abheben des Hörers am Telefon merkt man eigentlich gar nicht, daß hier noch ein Gerät davorgeschaltet ist. Wenn das Faxgerät die Leitung übernimmt, z.B. weil man ihm einen Faxauftrag gegeben hat, werden La und Lb auf den Übertrager des Faxgeräts geschaltet und das Telefon dahinter ist „tot". Man kann also Faxgerät und Telefon an der gleichen Leitung betreiben. Das Telefon ist nur in der Zeit „stillgelegt", in der das Faxgerät online ist, mit anderen Worten, wenn es die Leitung übernommen hat.

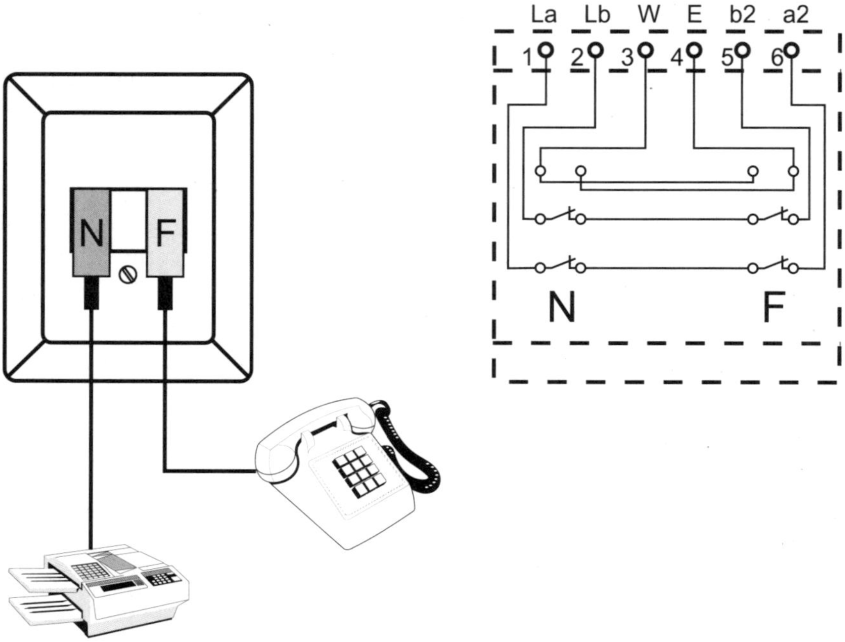

Abb. 5.10: NF-Dose mit zwei Endgeräten und Dosenschaltung

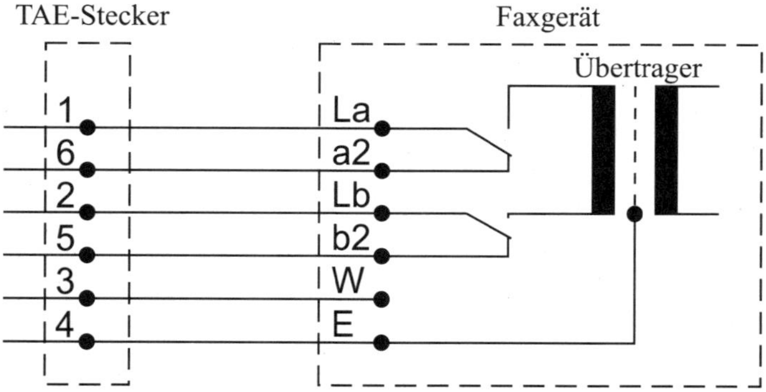

Abb. 5.11: Eingangsschaltung eines Faxgeräts

Im übrigen besitzen alle N-kodierten Geräte eine zumindest ähnliche Eingangsschaltung, wie sie in *Abbildung 5.11* dargestellt ist.

Faxgeräte ohne eigene Wähleinrichtung

Bei älteren Faxgeräten war bzw. ist es nötig, daß man zum Faxgerät ein Telefon angeschlossen hat. Alte Geräte haben nämlich keine eigene Wähleinrichtung. Das bedeutet für das Versenden einer Telefaxnachricht, daß man zunächst durch Wählen am Telefon die Verbindung zu einem anderen Faxgerät herstellen muß. Das Faxgerät „auf der anderen Seite" gibt sich dann mit einen sehr schrillen Ton zu erkennen. Sobald man diesen Ton hört, muß man am eigenen Faxgerät den Startknopf drücken. Das Gerät übernimmt dann die Leitung und die Nachricht wird übertragen.

Faxen während eines Telefongesprächs

Die Anwahl des fremden Anschlusses mit dem Telefon funktioniert natürlich auch bei neuen Faxgeräten mit eigener Wähleinrichtung. Sobald man den Startknopf drückt, übernimmt das Faxgerät die Leitung. Ob es dabei auf Senden oder auf Empfang gehen soll erkennt das Geräte daran, ob ein Original im Schacht liegt oder nicht. Wenn kein Blatt eingelegt ist, geht das Gerät auf Empfang.

Ich will jetzt erläutern, wie man während eines Gesprächs ein Fax verschicken und nach der Faxübertragung weitertelefonieren kann, ohne dabei die Verbindung zu unterbrechen. Wir gehen davon aus, daß beide Teilnehmer, die miteinander telefonieren auch ein Faxgerät an der gleichen Leitung betreiben, oder ein kombiniertes Faxtelefon haben. Während des Gesprächs soll ein Fax vom Teilnehmer A zum Teilnehmer B verschickt werden. Beide sind jetzt also telefonisch miteinander verbunden. Teilnehmer A legt das Original in sein Faxgerät und meldet bereit. Teilnehmer B drückt bei seinem Faxgerät auf den Startknopf. Da beim Teilnehmer B kein Original im Faxgerät liegt, weiß dieses, daß es ein Fax empfangen soll. Sofort nach Drücken des Startknopfes ist das Telefon von Teilnehmer B „tot" und Teilnehmer A hört das berühmte schrille Pfeifen. A drückt sodann auch den Startknopf seines Faxgeräts. Hier liegt ein Original im Gerät, woraus das Gerät erkennt, daß es ein Fax senden soll. Nach dem Drücken des Startkopfes ist auch das Telefon von Teilnehmer A vom Netz getrennt und die beiden Faxgeräte kommunizieren miteinander. Nach der Faxübertragung legen beide Faxgeräte wieder auf, was bedeutet, daß die Leitung auf beiden Seiten wieder auf die Telefone geschaltet wird. Wenn nun während der Faxübertragung keiner der beiden Teilnehmer den Hörer aufgelegt hat, können sie nach der Faxübertragung einfach weitertelefonieren, sozusagen, als wäre nichts gewesen.

Faxabruf

Die meisten Faxgeräte unterstützen einen Faxabruf, auch wenn dies nicht explizit in der Bedienungsanleitung des Faxgeräts erwähnt ist. Faxabruf bedeutet, daß man sich ein Fax bei einem anderen Gerät abholt. Viele Firmen betreiben mit einem Faxabrufgerät einen Informationsservice, der für die Firmen selbst keine laufenden Kosten verursacht. Wenn kein Blatt im Schacht liegt und man läßt das Faxgerät die Nummer eines Faxabrufgeräts wählen, bekommt man ein Fax, obwohl man derjenige war, der die Verbindung aufgebaut hat.

Faxgeräte an Telefonanlagen

Wenn Sie Ihr Faxgerät bisher an einem Hauptanschluß betrieben haben und dann an eine Nebenstelle einer Telefonanlage anschließen, kann es zu Problemen beim Versenden von Faxnachrichten kommen.

Faxgeräte sind im Auslieferungszustand meist für einen Hauptanschluß programmiert. Dies ist nicht verwunderlich, denn noch vor kurzem war es üblich, für den Faxanschluß eine eigene Leitung zu haben. Die meisten Faxgeräte haben eine Wähltonerkennung eingebaut. Diese Geräte wählen also erst dann, wenn sie einen Wählton von der Vermittlungsstelle bekommen. Bei einer Nebenstellenanlage bekommt das Faxgerät aber keinen Wählton, wenn es an die Leitung geht. Fazit: Das Gerät meldet eine besetzte Leitung oder so etwas ähnliches und wählt deshalb nicht. Dieses Problem gibt es auch im Zusammenhang mit Modem- und Faxsoftware. Bei Software muß man dem Programm bekanntgeben, daß es sich um einen Nebenstellenanschluß handelt. Danach hat man keine Probleme mehr. Wenn man dies dem Faxgerät bekannt gibt, wird man auch keine Probleme mehr haben. Bei Faxgeräten gestaltet sich die Programmierung in vielen Fällen jedoch schwieriger als bei PC-Software. Nicht etwa weil dies sehr kompliziert wäre, sondern weil in der Bedienungsanleitung der Faxgeräte oft nicht angegeben ist, wie man die Wähltonerkennung abschaltet. Diese Programmieranweisungen hat der Service-Mensch von der Firma, die solche Faxgeräte vertreibt. Dieser rückt die Anweisung häufig nicht raus, weil er ja schließlich Geld verdienen will. Meine Erfahrung zeigt, daß Hartnäckigkeit hier oft weiterhilft. Mir sind einige Fälle bekannt, bei denen die Kunden nach einigem hin und her die Programmieranweisung zum Konfigurieren des Faxgeräts für einen Nebenstellenanschluß vom Service-Techniker zugefaxt* bekamen. Obwohl die Techniker die Unterlagen gefaxt haben, waren sie der Meinung, daß man die Programmierung nicht selbst vornehmen könne, weil es zu kompliziert sei. Alle mir bekannten Personen, die dies selbst versucht haben, haben es jedoch hinbekommen. Manchmal mit Hilfe von Freunden, aber dies ist meistens günstiger als den Techniker zu rufen. (Es kommt darauf an, wieviel Durst die Freunde haben.)

* Falls Sie ein Faxgerät mit Thermopapier haben, empfehle ich Ihnen bei Faxnachrichten, die sie über längere Zeit aufbewahren wollen, eine Kopie auf „echtes“ Papier von diesem Fax zu machen. Wie schon erwähnt, verblaßt ein Dokument auf Thermopapier nach ein paar Jahren.

Ganz unrecht haben die Service-Techniker aber nicht, denn aus der Sicht eines absoluten Laien sehen die Programmieranweisungen mancher Faxgeräte wahrscheinlich kompliziert aus. Falls Sie dieses Buch bis hier hin aufmerksam gelesen haben, dürfte Ihnen die Programmierung Ihres Faxgeräts aber keine Schwierigkeiten bereiten. Bei meinem Faxgerät mußte ich zum Konfigurieren das Gehäuse öffnen und einen Jumper* umstecken. Anschließend mußte ich die Einstellungen für den Betrieb an einer Telefonanlage und auch für das Wahlverfahren (bei dieser Gelegenheit habe ich das Faxgerät auch gerade von Impulswahl auf Tonwahl umgestellt) nach Vorlagen im Binärcode (nur Nullen und Einsen) eingeben. Dies ist wahrscheinlich einer der kompliziertesten Fälle, aber auch dies bekämen Sie ohne Probleme hin. Ich hab's ja auch gekonnt. Schwierig erscheint dies nur, wenn man überhaupt nicht weiß, was eine Wähltonerkennung ist und wenn man mit den Ausdrücken Flash, Mehrfrequenzwahlverfahren usw. nichts anfangen kann.

Die Probleme mit dem Umprogrammieren des Faxgeräts beim Anschluß an eine Nebenstellenanlage kann man übrigens umgehen, wenn die Telefonanlage für eine spontane Amtsholung programmiert werden kann. Ich werde im Kapitel 8 näher hierauf eingehen.

5.4 Modems

MODEM ist ein Kunstwort, zusammengesetzt aus MOdulator und DEModulator. Ich will auf die Bedeutung dieser Worte nicht näher eingehen.

Modems sind Geräte, die Computerdaten so umformen, daß diese über das Telefonnetz übertragen werden können. Modems werden nur bei einem herkömmlichen Telefonanschluß verwendet. Bei einem ISDN-Anschluß spricht man von ISDN-Karten, wenn diese in den Rechner eingebaut werden, und von Datenboxen, wenn es sich um externe Geräte handelt.

Im eigentlichen Sinne sind Modems keine Endgeräte (so ist das Kapitel 5 überschrieben), weil nach ihnen ja noch der Rechner kommt. Ich behandele jedoch das Gerät Modem in diesem Kapitel zusammen mit den anderen Kommunikationsgeräten.

* Jumper sind kleine Steckbrücken, mit denen (meist auf einer Platine) eine elektrische Verbindung hergestellt wird.

Externe Modems

Externe Modems sind eigenständige Geräte und benötigen deshalb eine eigene Spannungsversorgung. Die Geräte werden über ein sog. Modemkabel mit dem Rechner verbunden.

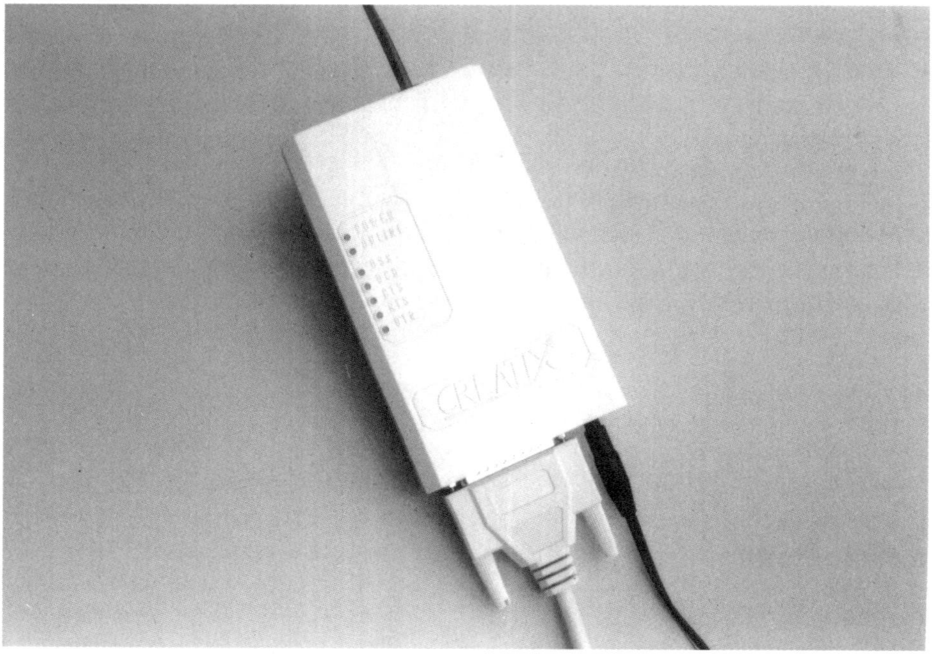

Abb. 5.12: Externes Modem

Interne Modems (Modemkarten)

Interne Modems (siehe *Abbildung 5.13*) nennt man auch Modemkarten, sie werden in den Rechner eingebaut. Die Betriebsspannung bekommt die Modemkarte vom Rechner.

Für die Betrachtungen bezüglich des Anschlusses an das Telefonnetz spielt es keine Rolle, ob es sich um ein internes Modem, also um eine Modemkarte handelt, oder um ein externes Modem. In den Grafiken, die weiter unten folgen, werden die Installationspläne zur besseren Übersicht am Beispiel eines externen Modems gezeigt.

Fax-Modems

Modems mit denen man auch Faxnachrichten per Computer wegschicken und empfangen kann, nennt man Fax-Modems. Dabei handelt es sich um ein nor-

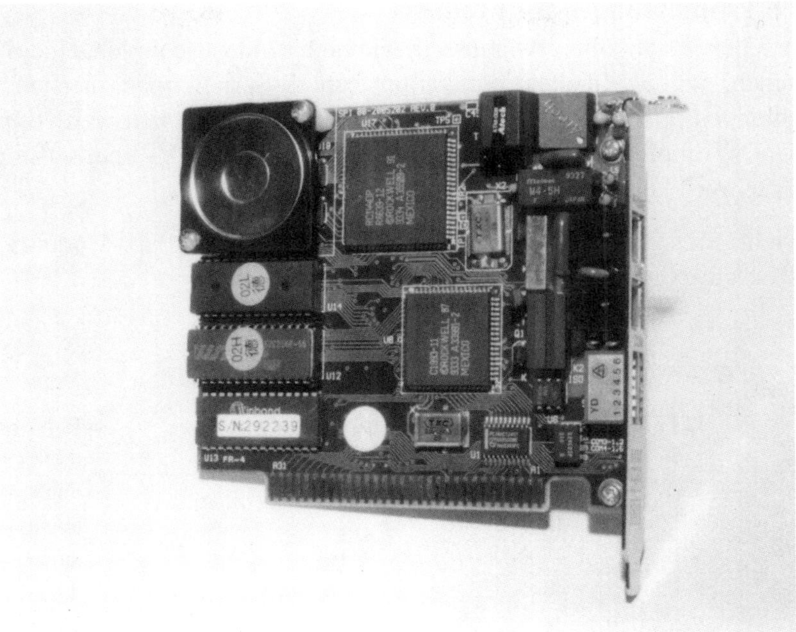

Abb. 5.13: Internes Modem (Modemkarte)

males Modem, das mit der Option Faxen erweitert wurde. Auch Faxmodems gibt es als externe und als interne Geräte.

Voice-Modems

Mit einem Voice*-Modem ist es z.B. möglich, den Rechner zusammen mit dem Modem und einer Soundkarte als Anrufbeantworter zu nutzen. Es handelt sich dabei um ein „normales" Modem, das um die Option Stimmenverarbeitung und -speicherung erweitert wurde. Die Funktion eines Anrufbeantworters übernimmt das Modem dabei unabhängig vom Rechner, d.h. der Rechner muß nicht eingeschaltet sein. Lediglich zum Abspielen der Nachricht muß man den Computer einschalten. Die Daten werden dann vom Voice-Modem zum Rechner übertragen und können über die Soundkarte ausgegeben werden.

Ich möchte nicht jedesmal den Rechner einschalten müssen, wenn ich eine Nachricht vom Anrufbeantworter abhören will. In einem Büro sieht die Sache etwas anders aus, dort läuft sowieso der Rechner von morgens bis abends. Anrufe die dann nach Feierabend eingegangen sind, werden morgens bei Einschalten des Rechners abgespielt. Man spart dadurch ein zusätzliches Gerät ein.

* Voice, engl. für Stimme

ITU/TS-Empfehlungen für Modems

Schnittstellen, Protokolle usw. müssen, wie in der Industrie üblich, einer Norm unterstehen. In der Telekommunikationstechnik spricht man meistens von Empfehlungen. Für Modems, ISDN-Karten und Schnittstellen werden häufig die ITU/TS*-Empfehlungen zu Grunde gelegt. Es sind die V.- und X.-Empfehlungen des am 1. Juli 1994 aufgelösten Komitees CCITT**.

Die wichtigsten ITU/TS-Empfehlungen für Modems, Fax-Modems und ISDN-Karten zeigt die folgende Tabelle.

Tabelle 5.2: ITU/TS-Empfehlungen für Modems und ISDN-Karten

Typ	ITU/TS	Übertragungsgeschwindigkeit in Bit/s	Betriebsart
Modem	V.21	300	duplex
Modem	V.22	1200	duplex
Modem	V.22bis	1200, 2400	duplex
Modem	V.32	4800, 9600	duplex
Modem	V.32bis	4800, 7200, 9600, 12000, 14400	duplex
Modem	V.32ter	4800, 7200, 9600, 12000, 14400, 16800, 19200	duplex
Modem	V.FC	max. 28800 (FC: FastClass)	duplex
Modem	V.34	max. 28800	duplex
Modem	V.34+	max. 33600	duplex
Modem	V.90	max. 56000 beim Empfang, 33600 beim Senden	duplex
Faxen	V.27ter	2400, 4800	halbduplex
Faxen	V.29	4800, 7200, 9600	halbduplex
Faxen	V.17	7200, 9600, 12000, 14400	halbduplex
ISDN	V.110	max. 38400	duplex
ISDN	X.75	max. 64000	duplex

Anmerkungen:

bis bedeutet, daß es sich um die 2. Version dieser Empfehlung handelt
(bis: franz. wörtl.: der/die/das Zweite)

ter bedeutet, daß es die 3. Version dieser Empfehlung ist
(ter: franz. wörtl.: der/die/das Dritte)

56000 Bit/s sind für den Empfang von Daten bei einem sog. 56k-Modem nur möglich, wenn die Gegenstelle ein ISDN-Gerät ist und einen 56k-Standard unterstützt. Derzeit gibt es drei solcher Standards: X2 von 3Com/U.S. Robotics,

* ITU/TS: International Telecommunication Union/Telecommunication Standards

** CCITT: Comité Consultatif Intenational Télégraphique et Téléphonique

K56Flex von Lucent/Rockwell und eben die V.90-Empfehlung der ITU. Die drei Standards sind nicht kompatibel zueinander, d.h. die Gegenstelle (Internet-Provider oder Mailbox) muß den entsprechenden Standard des eigenen Modems unterstützen. In Zukunft wird sich mit sehr hoher Wahrscheinlichkeit der V.90-Standard durchsetzen, den es übrigens erst seit Anfang 1998 gibt.

Sonstige Empfehlungen:

V.42 ist Verfahren zur Fehlersicherung

V.42 ist die Erweiterung von V.42 mit der Fähigkeit der Datenkomprimierung

Eingangsschaltung von Modems

Die Eingangsschaltung am Telefonnetzanschluß sollte bei einem Modem einer deutschen Firma identisch sein mit der oben gezeigten Eingangsschaltung von Faxgeräten (siehe *Abbildung 5.11*). Modems können Telefonen also vorgeschaltet werden. Warum auch soll man den Modemanschluß nicht zwischendurch zum Telefonieren nutzen? Außerdem kann man ein Modem auch als „Wählmaschine“ einsetzen. Mit anderen Worten, man läßt das Modem eine im Rechner gespeicherte Nummer wählen und übernimmt die Leitung, sobald die Verbindung aufgebaut ist.

Anschluß eines Modems an das Telefonnetz

Wenn die Eingangsschaltung eines Modems identisch mit der eines Faxgeräts ist, wird man ein Modem auch genauso anschließen wie ein Faxgerät.

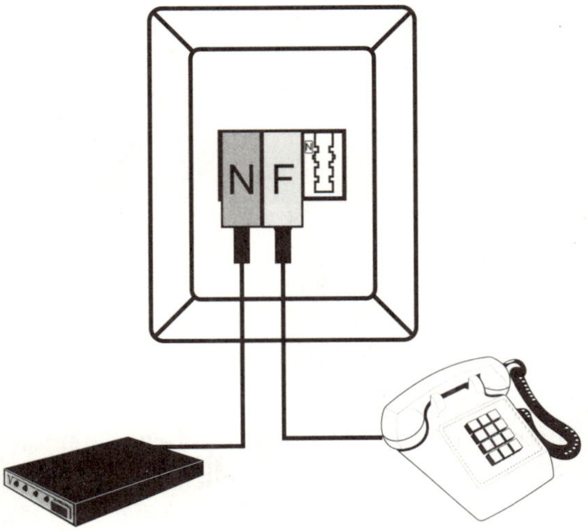

Abb. 5.14: Installationsplan für Modem und Telefon an einer TAE-NFN-Dose

Sie haben Ihr Modem an einen N-codierten Anschluß angeschlossen und das Telefon an einen F-codierten und Sie erhalten beim Abheben des Hörers keinen Wählton? Da sind Sie nicht der Einzige.

Die Eingangsschaltung vieler Modems (speziell bei Importgeräten) ist nicht so ausgelegt, wie es in *Abbildung 5.11* für Faxgeräte gezeigt ist, wie sie also laut Telekom sein sollte. Dies führt dann zu alternativen Installationstechniken. Übrigens hat das nichts damit zu tun, ob ein Modem eine BZT-Nummer (siehe Kapitel 2.1) hat. Wir kriegen die Sache mit gleichzeitigem Betreiben von Modem und Telefon aber hin, vorausgesetzt, Ihr Modem (bzw. Ihre Modemkarte) hat *zwei* Western-Anschlüsse. In diesem Fall werden nämlich La und Lb, wenn das Modem nicht online ist, statt zur TAE-Dose, auf den zweiten Western-Anschluß geschaltet. Das Telefon wird dann so am Modem selbst angeschlossen, wie es in der folgenden Grafik dargestellt ist.

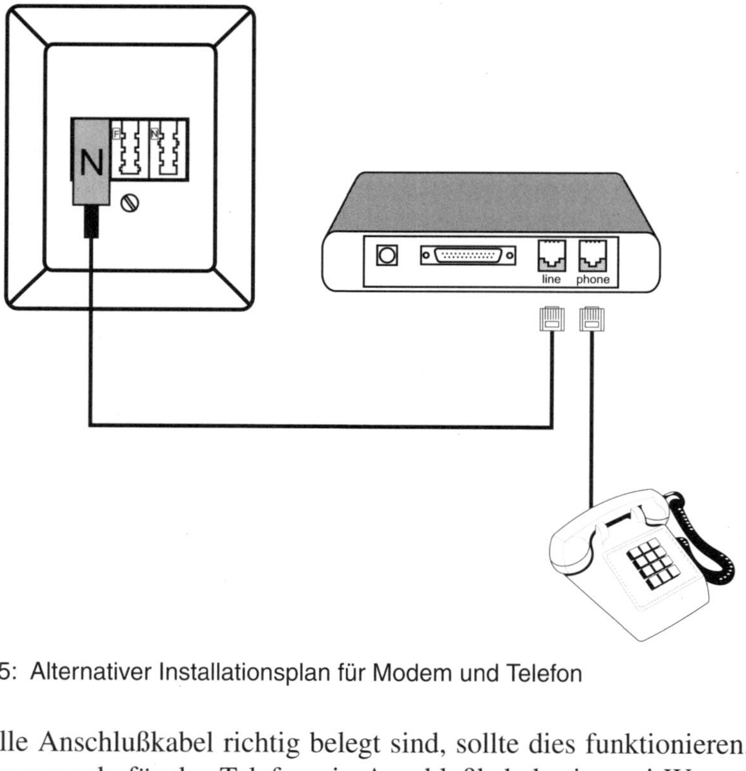

Abb. 5.15: Alternativer Installationsplan für Modem und Telefon

Wenn alle Anschlußkabel richtig belegt sind, sollte dies funktionieren. In der Zeichnung wurde für das Telefon ein Anschlußkabel mit zwei Western-Steckern benutzt. Sollte das Telefon einen TAE-Anschlußstecker haben, kann man sich einen „Adapter" Western-Stecker auf TAE-Dose selbst bauen. Man nimmt dazu ein Kabel, das an einem Ende einen Western-Stecker hat. Auf der anderen Seite schließt man das Kabel an eine TAE-Dose an. Hier ist natürlich noch die Frage der Anschlußbelegung zu klären. Bei einem Importgerät kann man eigentlich davon ausgehen, daß die für das Telefon benötigten Signale beim Western-Anschluß auf den mittleren Kontakten liegen (siehe Kapitel 4.2). Eine a/b-Vertauschung spielt keine Rolle und somit ist die Anschlußbelegung klar: Von den mittleren Kontakten des Western-Steckers geht man auf die Klemmen 1 und 2 der TAE-Dose. Der Installationsplan sieht dann so aus:

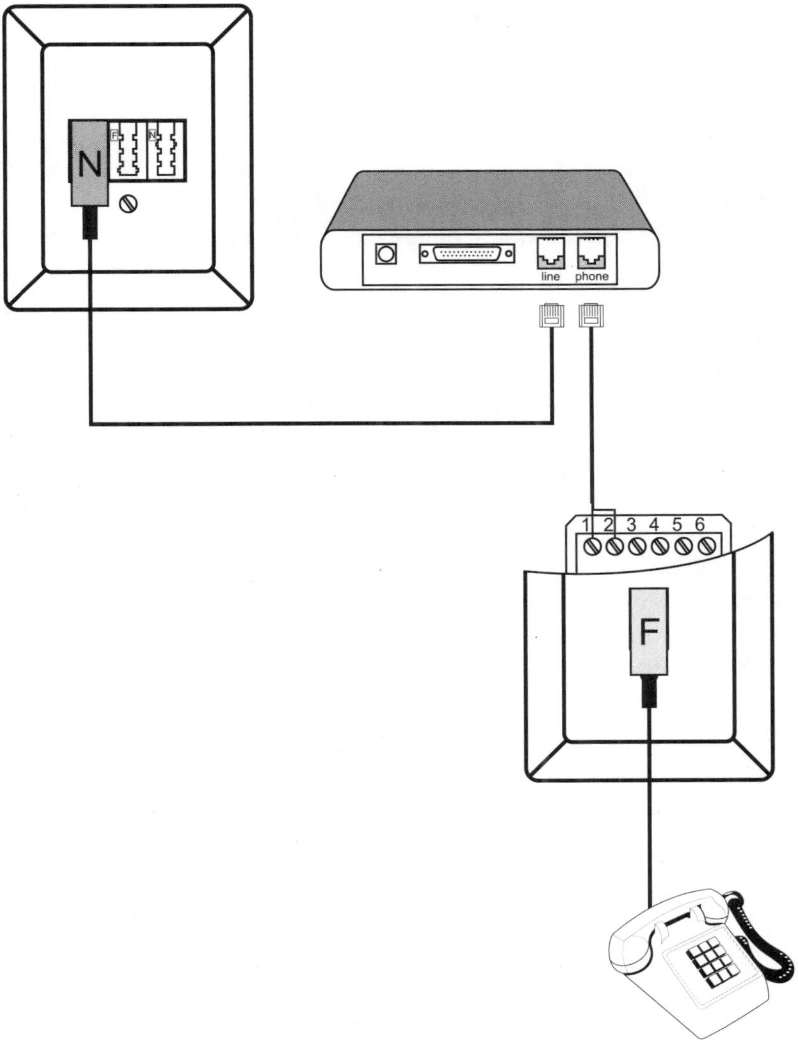

Abb. 5.16: Installationsplan für Modem und Telefon mit TAE-Dose fürs Telefon

5.5 Anrufbeantworter

Ein Anrufbeantworter wird einfach an einen N-kodierten Steckplatz einer TAE-Dose angeschlossen. Die Eingangsschaltung von Anrufbeantwortern gleicht der eines Faxgeräts (siehe *Abbildung 5.11*), d.h. wenn der Anrufbeantworter rangeht, ist das Telefon zunächst einmal „tot". Nun will man das ja aber so haben, daß man das Gespräch übernehmen kann, wenn der Anrufbeantworter läuft. Ich will ja niemandem unterstellen, er würde erst ans Telefon gehen, wenn man über den Lautsprecher des Anrufbeantworters hört, wer dran ist. Deshalb gehen wir einmal davon aus, daß man aus irgendwelchen Gründen indisponiert ist, während das Telefon klingelt. Der Anrufbeantworter geht ran und man will, während dieser seine Ansage abspielt oder der andere Teilnehmer seinen Spruch aufsagt, nun das Gespräch übernehmen. Nach der Schaltung, wie sie beim Faxgerät dargestellt ist (*Abbildung 5.11*), wäre das Telefon jedoch nicht am Netz, weil die Schalter auf den Übertrager umgeschaltet haben. Dies ist eigentlich auch so. Glücklicherweise überprüft aber ein Anrufbeantworter ständig, ob der Hörer des Telefons abgenommen wurde. (Für die Techniker unter den Lesern: Dies funktioniert ganz einfach mit einen geringen Schleifenstrom über das Telefon.) Sobald der Anrufbeantworter feststellt, daß der Hörer abgenommen wurde, schaltet er sofort La und Lb wieder zurück zur TAE-Dose und das Telefon ist wieder am Netz. Der Anrufbeantworter schaltet ab und man hat den anderen Teilnehmer an der Strippe.

Für den Fall, daß das Telefon nach dem Einstecken des Anschlußkabels des Anrufbeantworters in die TAE-Dose „tot" ist, besorgen Sie sich für den Anrufbeantworter ein Anschlußkabel, wie es in Abbildung 4.13 dargestellt ist. Damit sollte es funktionieren, vorausgesetzt die Belegungen für La und Lb liegen auf der Western-Buchse des Anrufbeantworters auf den mittleren Kontakten.

5.6 Einheitenzähler

Einheitenzähler (auch Gebührenzähler) sind heute oft in Telefonen integriert (siehe Modell MODULA). Die Funktionsweise eines solchen Einheitenzählers will ich hier jedoch an Hand eines externen Geräts erklären. Dabei kann ich auch noch auf das Anschließen eines externen Einheitenzählers eingehen.

Externe Einheitenzähler

Da es sich hier um ein Nicht-Telefon handelt, hat ein externer Einheitenzähler einen N-codierten TAE-Stecker. Hier werden La und Lb einfach nur durch den Einheitenzähler durchgeschleift und wieder zur den Kontakten 5 und 6 der TAE-Dose zurückgeführt. Es gibt also keine solchen Schalter wie beim Faxgerät, beim Modem oder beim Anrufbeantworter (vgl. *Abbildung 5.11*). Wenn's diese Schalter nicht gibt, gibt's auch keine Probleme. Das Einstecken eines externen Einheitenzählers wird die Funktionalität eines dahinter angeschlossenen Telefons nicht beeinflussen.

Zählimpulse (Gebührenimpulse)

Die Übermittlung der Tarifeinheiten geschieht mit Hilfe von kurzen 16 kHz-Impulsen. 16 kHz, also 16.000 Hz, liegt noch im Bereich der Frequenzen, die vom Mensch gehört werden können. In der Tat kann man diese Impulse auch wirklich hören, allerdings nur bei Importtelefonen. Bei Telefonen der Telekom wird dieser Impuls vor dem Lautsprecher herausgefiltert. Die Zählerimpulse werden vom Einheitenzähler ausgewertet und die Anzahl der Einheiten und/oder der Geldbetrag wird während des Gesprächs auf dem Display angezeigt. Nach Wunsch kann auch die Summe der Einheiten aller bisher geführten Gespräche (seit dem letzten Zurücksetzen des Geräts) angezeigt werden.

Ihr Einheitenzähler zählt nicht?

Ganz egal ob es sich um einen Einheitenzähler handelt, der in einem Telefon integriert ist oder um einen externen Einheitenzähler, beide können natürlich nur dann etwas zählen, wenn es etwas zum Zählen gibt. Die Übermittlung von Zählimpulsen ist nicht in der normalen Grundgebühr für einen Telefonanschluß enthalten. Mit anderen Worten, wenn man beim Telefonantrag nicht ausdrücklich die Übermittlung von Zählimpulsen beantragt hat, wird der Einheitenzähler auch nichts zu zählen haben. Die Bereitstellung von Zählimpulsen muß also extra beantragt werden und auch extra bezahlt werden. Zur Zeit kostet dieses Service eine Mark im Monat zusätzlich.

Ich hoffe, Sie wundern sich jetzt also nicht mehr, warum der Einheitenzähler im Display ihres Telefons nichts anzeigt.

5.7 Nummernanzeiger

Seit der Digitalisierung der Vermittlungsstellen ist es möglich, die Nummer eines Anrufers (oder unter Umständen auch dessen Namen) auf dem Display des Telefons des Angerufenen anzuzeigen, noch bevor dieser den Anruf annimmt. Bei ISDN ist das Standard. Seit Anfang 1998 ist dies aber auch bei einem herkömmlichen Anschluß möglich. Man benötigt dazu entweder ein spezielles Telefon (z.B. TARSIS C, SINUS 44 oder SINUS 54) oder eine sog. Nummernbox. Das Gerät wird auch oft als Nummernanzeiger oder Caller ID-Box bezeichnet. Außerdem muß das Leistungsmerkmal „Anzeigen der Rufnummer des Anrufenden“ bei der Telekom beantragt werden. Auf diese Dinge werde ich im Kapitel 9 noch näher eingehen.

Eine Nummernbox kostet etwa 50 DM und ist im Elektronikfachhandel (z.B. Conrad electronic) oder im T-Punkt erhältlich. Das Gerät ist etwa so groß wie eine Zigarettenschachtel und besitzt einen N-kodierten TAE-Stecker zum Anschluß an das Telefonnetz. Die Installation ist also trivial. Die Nummernboxen, die ich bisher gesehen habe, besitzen ein zweizeiliges Display auf dem neben der Rufnummer auch noch die Einheiten (oder der Geldbetrag), das Datum und die Uhrzeit angezeigt werden. Das Gerät verfügt also über eine eingebaute Uhr und hat einen Gebührenzähler integriert.

5.8 Multi-Geräte

Unter einem Multi-Gerät (auch Kombi-Gerät) versteht ich hier ein Endgerät, das sozusagen aus mehreren Apparaten besteht. Das einfachste Beispiel ist eine Telefon mit Einheitenzähler. Hier haben wir eigentlich ja schon zwei Geräte in einem. Uns interessieren hier aber Geräte wie z.B. ein kombiniertes Telefon-Faxgerät. *Abbildung 5.17* zeigt ein solches Gerät.

Es gibt auch Fax, Anrufbeantworter und Telefon in einem Gerät. Statt drei Geräte hat man also nur noch ein Gerät herumstehen. Für Firmen sind solche Geräte unter Umständen keine gute Wahl. Das Faxgerät besitzt meistens keine eigene Schneidevorrichtung für das Papier, d.h. man muß nach jedem Fax das Blatt selbst abreißen. Oft kann man auch nur sehr kleine Faxpapierrollen benutzen. Außerdem hat man einen Ausfall von gleich drei Apparaten, wenn dieses eine Gerät defekt ist.

Für den privaten Gebrauch sind solche Geräte gut geeignet und auch nicht zu teuer. Ein wesentlicher Vorteil, speziell was den Empfang von Faxen angeht,

Abb. 5.17: Multi-Gerät, hier Telefon mit integriertem Fax

ist der, daß das Gerät automatisch den Anruf auf das richtige Endgerät leitet. Kommt also ein Fax rein, wird die Faxeinheit aktiviert, bei einem Telefonanruf klingelt zunächst das Telefon und nach einer voreingestellten Zeit übernimmt der Anrufbeantworter. Man benötigt also keine zwei Telefonnummern zum Betreiben von Fax und anderen Endgeräten. Auf die Frage, woher das Gerät weiß, daß am anderen Ende ein Faxgerät ist, werde ich im Kapitel 7.3 eingehen.

Der Überhammer sind Multifunktionsgeräte für den PC. Wegen der großen Ähnlichkeit von Faxgerät, Laserdrucker, Kopierer und Scanner hat man diese vier Geräte in einem verwirklicht. Sowohl beim Kopieren, als auch beim Ausdruck von Faxen oder von Dokumenten aus dem Rechner wird die gleiche Druckeinheit aktiviert, die natürlich auf echtes Papier druckt. Ein gescanntes Dokument kann entweder weggefaxt, kopiert oder mit dem PC weiterverarbeitet werden. Die Erweiterung dieses Geräts mit integriertem Anrufbeantworter gibt es auch schon. Ein solches Multigerät wird an das Telefonnetz und an den PC angeschlossen. Es stellt zusammen mit einem Telefon und dem PC eine komplette Büroeinrichtung dar.

6 Einfache TAE-Anlagen

Im Kapitel 3 habe ich bereits gezeigt, wie TAE-Dosen intern beschaltet sind, wie man TAE-Dosen installiert und auch welche Adern eines Telefonkabels wo an einer TAE-Dose angeschlossen werden. In diesem 6. Kapitel will nun einige Anschlußbeispiele von TAE-Anlagen für verschiedene Endgeräte zeigen. Unter einer einfach TAE-Anlage (siehe Kapitelüberschrift) verstehe ich, daß keine Zwischengeräte wie automatische Umschalter oder Telefonanlagen verwendet werden.

In der Regel wird man in einem Haushalt *einen* Telefonanschluß haben. Wir haben schon gesehen, daß, wenn man TAE-Dosen in Reihe schaltet und man am Anfang dieser Reihe ein Telefon einsteckt, dann die TAE-Dosen dahinter „tot" sind. Normalerweise will man jedoch an einem Anschluß alle Endgeräte so betreiben, daß man sie nicht vor dem Gebrauch zuerst irgendwo an eine TAE-Dose anschließen muß. Es sollen also einfach alle Geräte angeschlossen sein und auch funktionieren. Schauen wir uns dazu zunächst die Installationspläne an, bei denen nur ein Telefon vorgesehen ist.

6.1 Mehrere Endgeräte, jedoch nur ein Telefon

Wenn mehrere Endgeräte an TAE-Dosen angeschlossen sind, muß das Telefon am Schluß der Reihe eingesteckt werden. Der Grund dafür wurde schon genannt. Geräte mit N-codiertem Anschluß führen La und Lb wieder zu den Kontakten 5 und 6 der TAE-Dose zurück (siehe *Abbildung 5.11*). In der Dose werden La und Lb dann an die Kontakte 1 und 2 des nächsten Anschlusses weitergeführt (*Abbildung 5.10*). Von Telefonen werden La und Lb nicht wieder zur Dose zurückgeführt. Man kann also beliebig viele N-kodierte Geräte an einem Amtsanschluß anschließen, jedoch nur ein Telefon und dieses am Ende der Reihe. Nach dem Telefon sind die noch folgenden Dosen „tot".

In *Abbildung 6.1* wird zunächst dargestellt, wie man mehrere Endgeräte an *einer* TAE-Dose anschließen kann.

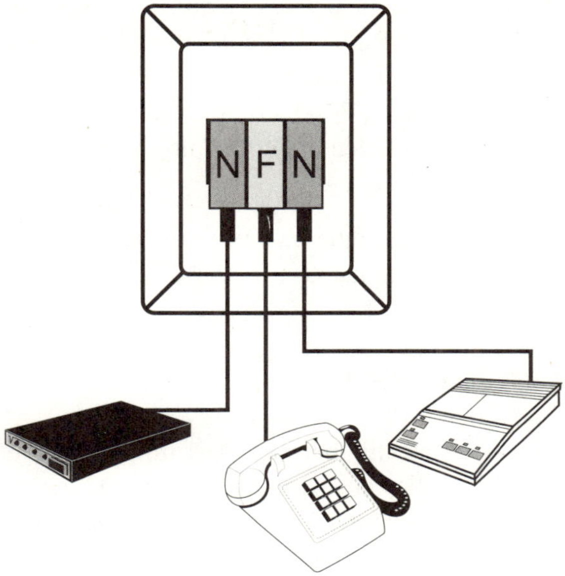

Abb. 6.1: Modem, Anrufbeantworter und Telefon an einer TAE-NFN-Dose

Es ist nicht nötig, daß alle Geräte an *einer* TAE-Dose angeschlossen werden. Das nächste Bild zeigt, wie man die Geräte an mehreren TAE-Dosen, die in Reihe geschaltet sind, anschließen kann.

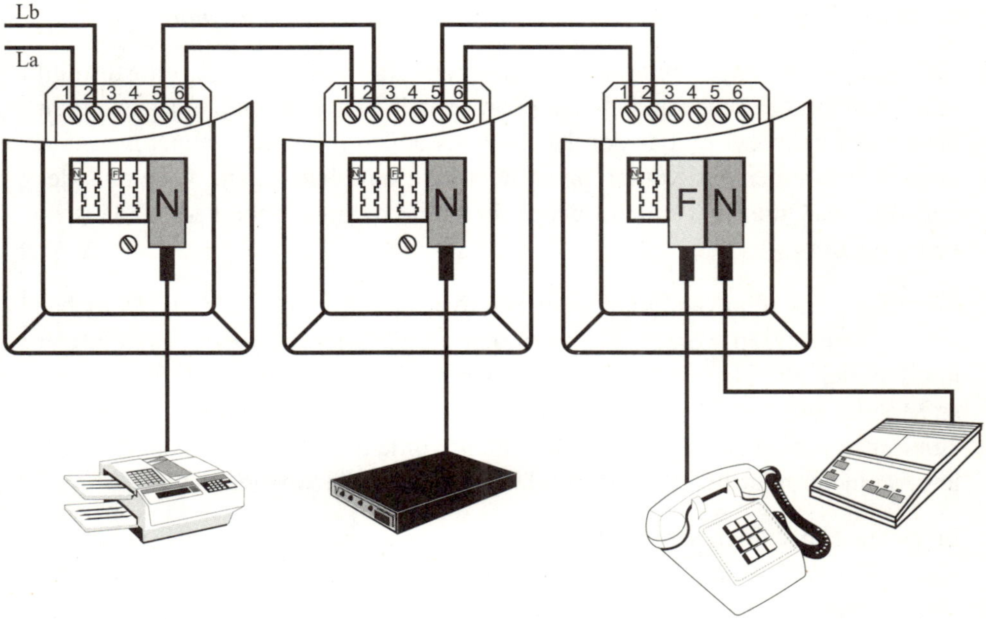

Abb. 6.2: Mehrere Geräte an verschiedenen TAE-Dosen

Anmerkung zu *Abbildung 6.2*: In der Zeichnung sieht es so aus, als wäre hier der Anrufbeantworter das letzte Glied in der Reihe. In dem Fall würde dieser nicht funktionieren, weil nach dem Telefon ja bekanntlich alle TAE-Steckplätze „tot" sind. Wenn Sie sich jedoch die interne Beschaltung einer NFN-Dose anschauen (Abbildung 3.7), werden Sie feststellen, daß der Anrufbeantworter dem Telefon vorgeschaltet ist.

Nun, bis hier hin gibt es nichts interessantes. Schauen wir uns also an, wie man mehrere *Telefone* an einem Anschluß betreiben kann.

6.2 Anschluß von mehreren Telefonen

Wenn man mehrere Telefone an *einem* Anschluß betreibt, darf immer nur ein Telefon zur gleichen Zeit am Netz sein. Alles andere wäre ein Verstoß gegen das Fernsprechgeheimnis, denn es könnte ja jemand unbemerkt ein Gespräch belauschen. Für den *ordentlichen* Betrieb von mehreren Telefonen bei einem Anschluß benötigt man deshalb einen automatischen Umschalter oder eine Telefonanlage. Auf diese Geräte will ich in den Kapiteln 7 und 8 näher eingehen.

Die einfachste Möglichkeit mehrere Telefone ohne zusätzliche Geräte ans Netz so anzuschließen, daß alle funktionieren, ist auch zugleich eine illegale Methode. Die Telefone werden einfach parallel geschaltet (siehe *Abbildung 6.3*).

Telefone, die so angeschlossen sind, klingeln alle, wenn ein Ruf eingeht und man kann das Gespräch an jedem Apparat annehmen. Während eines externen Gesprächs kann ein Dritter den Hörer eines anderen Telefons abnehmen und kann sich in einer Art Konferenz an dem Telefonat beteiligen. Nochmals der Hinweis, daß man bei einer solchen Parallelschaltung unbemerkt belauscht werden kann.

Abbildung 6.4 zeigt, wie man zwei Telefone parallel an einer NFF-Dose betreiben kann. Dazu werden die Klemmen 1 und 2 der unteren Leiste einfach mit den gleichnamigen Klemmen der oberen Leiste verbunden. Man kann diese Möglichkeit zum Beispiel nutzen, um ein Funktelefon und ein „normales" Telefon zu betreiben. Der Übersicht halber wurde die Basisstation des Funktelefons (an der natürlich das Anschlußkabel endet) hier weggelassen.

In vielen Haushalten werden Telefone im *Do it yourself-Verfahren* auf diese Weise (Parallelschaltung) angeschlossen und natürlich funktioniert es auch, vorausgesetzt, es werden nicht zu viele Telefone parallel geschaltet. Hier aber nochmals der Hinweis, daß dies nicht den Bestimmungen entspricht.

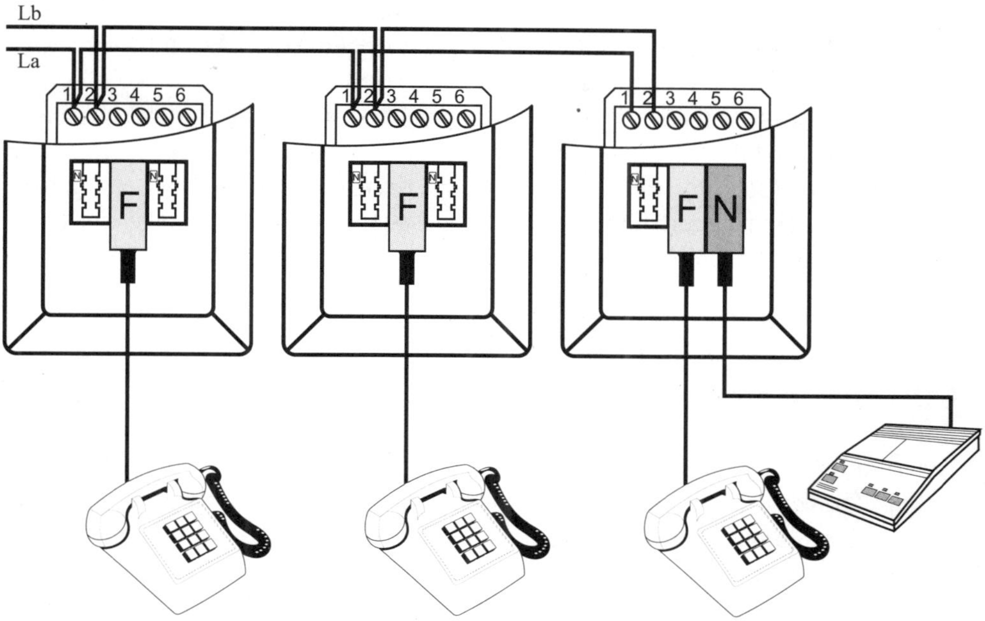

Abb. 6.3: Telefone parallel geschaltet

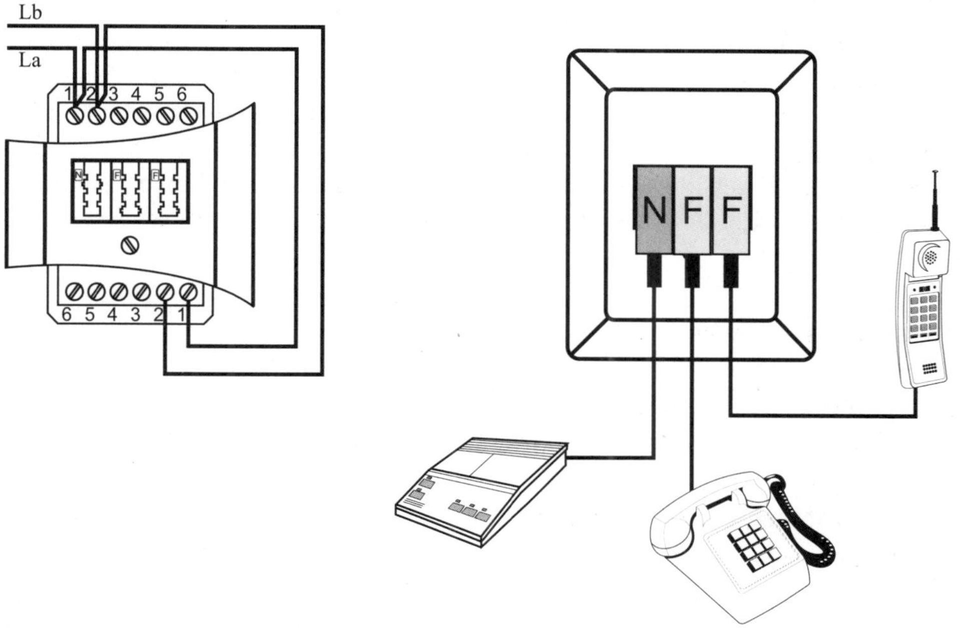

Abb. 6.4: Zwei Telefone an einer NFF-Dose parallel

Wenn man schon so etwas macht, wie Telefone parallel schalten, dann sollte man es nicht übertreiben und sollte bedenken, daß es dabei zu Störungen kommen kann. Bei zu vielen parallel geschalteten Telefonen kann es sein, daß die Telefone nicht mehr läuten, wenn ein Ruf eingeht. Der Rufstrom des Telefonnetzes ist nämlich begrenzt und reicht nicht für beliebig viele Wecker aus. Die Techniker bei Telekom sind ja nicht auf den Kopf gefallen, die wissen auch, daß in vielen Haushalten Telefone parallel geschaltet sind. So lange aber alles funktioniert und man die Sache nicht übertreibt, wird dies stillschweigend geduldet.

6.3 Zwei Telefonanschlüsse

Bis zum 31.12.1995 gab es einen Sondertarif für einen zweiten Telefonanschluß. Dieser kostete, in Bezug auf die Grundgebühren, nur etwa die Hälfte des Erstanschlusses. Bei Kleinbetrieben oder auch bei Privatpersonen mit Faxanschluß war ein solcher kostengünstiger Doppelanschluß häufig vorzufinden. Man hatte zwei Nummern, z.B. eine für das Telefon und die andere für ein Faxgerät. Wenn man relativ wenig Faxe bekam, nutzte man zum „Raustelefonieren“ den Anschluß vom Faxgerät. Dies hatte zum Vorteil, daß die normale Telefonnummer in dieser Zeit nicht besetzt war.

Seit dem 1. Januar 1996 entfällt der verbilligte Tarif für den Zweitanschluß und seit dem 1. Juli 1996 ist ein Doppelanschluß von den Grundgebühren her teuerer als ein ISDN-Anschluß, bei dem man drei Nummern hat. Aus diesem Grund sind zwei herkömmliche Telefonanschlüsse eigentlich nicht mehr zeitgemäß und ich gehe deshalb nur kurz darauf ein. An dieser Stelle vielleicht nochmals der Hinweis, daß ich zum Thema ISDN ein ausführliches Buch geschrieben habe.

Standardinstallation

Hier werden die zwei Anschlüsse so behandelt, als wären sie in zwei verschiedenen Wohnungen. Es gibt zwei Leitungen, zwei TAE-Dosen (jeweils mit PPA) und zwei oder mehrere Endgeräte. Dies bedarf keiner besonderen Erklärung.

Zwei Anschlüsse an einer Dose

Kurz erwähnt sei die Möglichkeit, zwei Anschlüsse in einer NFF-Dose unterzubringen. Man kommt dabei mit *einer* vieradrigen Telefonleitung vom APL zu dieser Dose aus. *Abbildung 6.5* zeigt den Anschluß eines Faxgerätes und zweier Telefone.

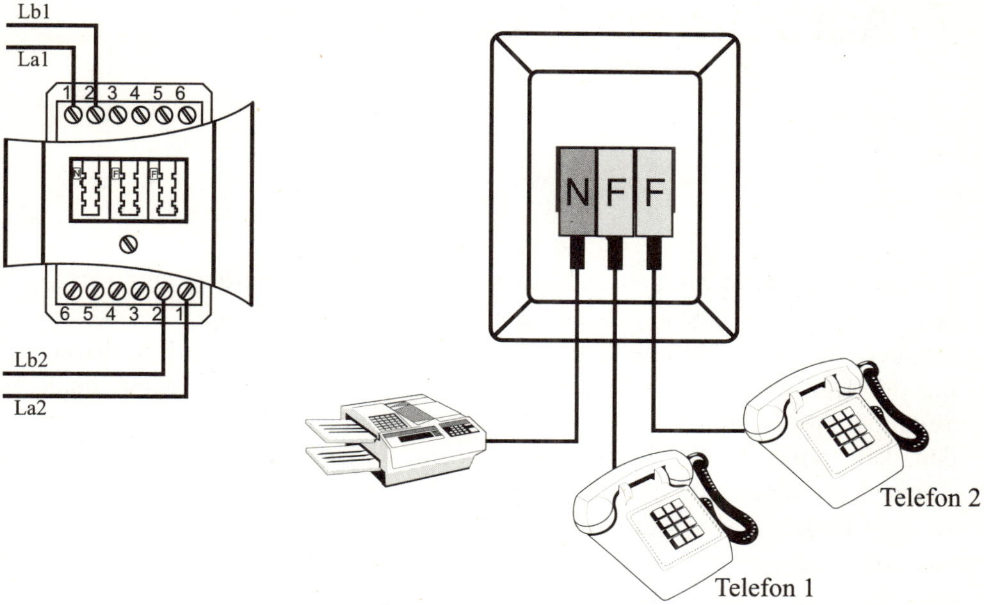

Abb. 6.5: Zwei Telefonanschlüsse an einer TAE-NFF-Dose

Telefon 1 und das Faxgerät „hängen" an der ersten Nummer, Telefon 2 „hängt" alleine an der zweiten Nummer. Falls die Leitungen direkt vom APL kommen, müßten hier zwei PPAs angeschlossen werden.

7 Automatische Umschalter

Mit automatischen Umschaltern können zwei oder mehr Telefone (legal) an *einem* Anschluß betrieben werden. Die prinzipielle Arbeitsweise eines Umschalters für zwei Telefone kann wie folgt beschrieben werden: Ein ankommender Ruf wird auf beiden Apparaten signalisiert, d.h. es läuten beide Telefone. Das Gespräch kann an beiden Apparaten entgegengenommen werden, dabei erhält der Teilnehmer das Gespräch, der als erster den Hörer abhebt. Der andere Apparat ist dann abgeschaltet. Das Gespräch kann zum anderen Apparat weitergegeben werden, indem ein weiterer Teilnehmer dort den Hörer abnimmt und der zur Zeit gesprächsführende Teilnehmer dann seinen Hörer auflegt. Zum Aufbau einer Telefonverbindung sind beide Telefone wahlberechtigt. Während auf einem Apparat telefoniert wird, bekommt man auf dem anderen Apparat den Besetztton, wenn man den Hörer abhebt. Interne Gespräche, wie bei Telefonanlagen, sind bei einem automatischen Umschalter nicht möglich.

7.1 Automatische Wechselschalter (AWADo)

Eine etwas ältere Methode zwei Telefone gleichzeitig zu betreiben bietet die sog. AWADo. AWADo steht für **A**utomatische **W**echselschalter-**A**nschluß-**Do**se. Eine AWADo sieht äußerlich ähnlich aus wie eine normale TAE-F-Dose. Außer, daß auf der Rückseite der Dose AWADo draufsteht, erkennt man auch an einem Schaltersymbol in einem Kreis (siehe rechte Dose in Abbildung 2.4), daß es sich um einen Wechselschalter handelt. Spätestens jedoch nach dem Aufschrauben bemerkt man den Unterschied zu einer normalen TAE-Dose, siehe *Abbildung 7.1*.

Zur Installation benötigt man die AWADo selbst und eine oder zwei normale TAE-Dosen. Die einfachste Installation wird in *Abbildung 7.2* dargestellt

Die Schaltung funktioniert genauso, wie es zu Anfang des siebten Kapitels beschrieben ist. Zur Steuerung bzw. Umschaltung wird bei AWADo-Schaltungen die W-Ader benutzt. Importtelefone und auch viele neue Telefone der Telekom

Abb. 7.1: Automatische Wechselschalter-Anschlußdose (AWADo)

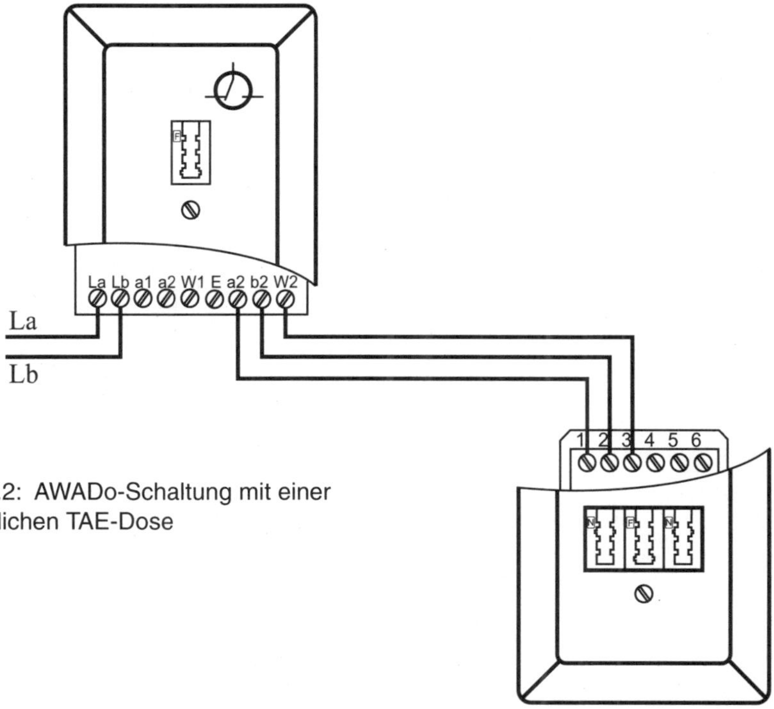

Abb. 7.2: AWADo-Schaltung mit einer zusätzlichen TAE-Dose

machen das Spiel mit dem W-Signal aber nicht mit. Zum ersten sieht die Eingangsschaltung von Importgeräten dies nicht vor und zum zweiten haben deren Anschlußkabel meistens nur zwei Adern. Fazit: Die Schaltung funktioniert nur bei Telefonen mit W-Ader. Im Katalog der Deutschen Telekom gibt es in der Tabelle zu den Leistungsmerkmalen von Telefonen übrigens eine eigene Zeile namens W-Ader. Man kann so auf einen Blick erkennen, welches Telefon für eine AWADo-Schaltung geeignet ist.

Anmerkung: Bei manchen AWADo-Versionen kann man auch mit einer Steckbrücke oder einem Schalter einem Anschluß Vorrechte erteilen. Sobald man dann an dem bevorrechtigten Apparat abhebt, ist der andere weggeschaltet,

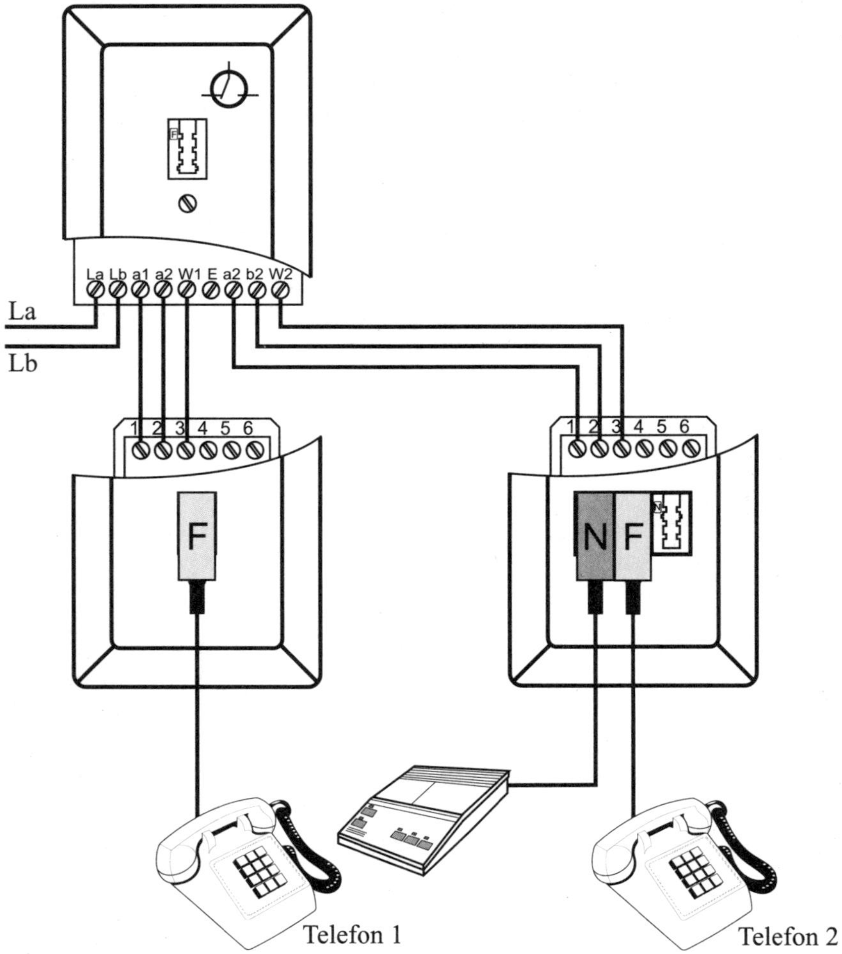

Abb. 7.3: AWADo-Schaltung mit zwei zusätzlichen TAE-Dosen

auch wenn dort gerade telefoniert wird. Im Auslieferungszustand wird eine solche Bevorrechtigung normalerweise nicht eingestellt sein.

Die AWADo-Schaltung kann man noch durch eine dritte Dose erweitern.

Es muß also nicht die AWADo als eine der zwei Anschlußdosen für die Wechselschaltung benutzt werden. Es ist aber auch nicht so, wie es zunächst den Anschein hat, daß dies eine Wechselschaltung für drei Apparate darstellt. Sobald man nämlich Telefon 1 in die AWADo steckt, ist die TAE-Dose, in der in Abbildung 7.3 Telefon 1 eingesteckt ist, abgeschaltet. Hier kann man sich also aussuchen, wo man Telefon 1 einstecken will, bzw. kann es auch je nach Situation umstecken. Im übrigen funktioniert die Schaltung analog zu der mit *einer* zusätzlichen TAE-Dose. Beide Apparate läuten, dort wo zuerst der Hörer abgenommen wird geht das Gespräch hin usw.

Anmerkung: Die erste AWADo-Generation war empfindlich bezüglich einer a/b-Vertauschung. Wenn La und Lb vertauscht waren, funktionierte die Schaltung nicht. Sollten Sie also noch eine der ersten AWADos haben und diese funktioniert nicht, kann es evtl. daran liegen. Vertauschen Sie in diesem Fall einfach die beiden Leitungen La und Lb.

Die Idee der AWADo ist eigentlich gut. Störend ist eben, daß zur Steuerung das W-Signal benötigt wird. Dies bedeutet zusätzliche Installationen und setzt voraus, daß man Telefone benutzt, die das W-Signal zur Verfügung stellen. Was liegt also näher, als einen Schalter zu entwickeln, der diese W-Ader zur Umschaltung nicht benötigt. Solche Schalter gibt es, sie heißen AMS und werden im nächsten Abschnitt näher erläutert.

Zuvor noch ein paar Zeilen dazu, warum ich AWADos hier überhaupt angesprochen habe, obwohl sie eigentlich nicht mehr zeitgemäß sind. AWADos werden zwar nicht mehr hergestellt, sind aber in vielen Haushalten noch vorzufinden. Bis vor ein paar Jahren war dies die einzige kostengünstige Möglichkeit, mehrere Telefone an einem Anschluß zu betreiben. Alles funktioniert so wie man es sich vorstellt, bis man ein anderes Telefon anschließt. Plötzlich passieren komische Sachen, die, wie wir jetzt wissen, mit der W-Ader zusammenhängen. Probleme treten vorwiegend bei Importtelefonen oder beim Betreiben von Modems auf. Nachdem jetzt klar ist, wo die Probleme herkommen, kann man sie auch beseitigen. Der einfachste Weg ist wohl der, die AWADo-Schaltung durch eine AMS-Schaltung zu ersetzen.

7.2 Automatische Mehrfachschalter (AMS)

Automatische Mehrfachschalter gibt es in den unterschiedlichsten Ausführungen. Vorstellen will ich hier den AMS 1/2. Der Zusatz 1/2 bedeutet, daß man an einem Anschluß zwei Geräte betreiben kann. An einem AMS 1/4 können somit vier Geräte angeschlossen werden.

Der AMS 1/2 entspricht von den Leistungen her in etwa der AWADo aus dem vorherigen Abschnitt. *Abbildung 7.4* zeigt den Installationsplan für einen automatischen Mehrfachschalter für zwei Anschlußeinheiten.

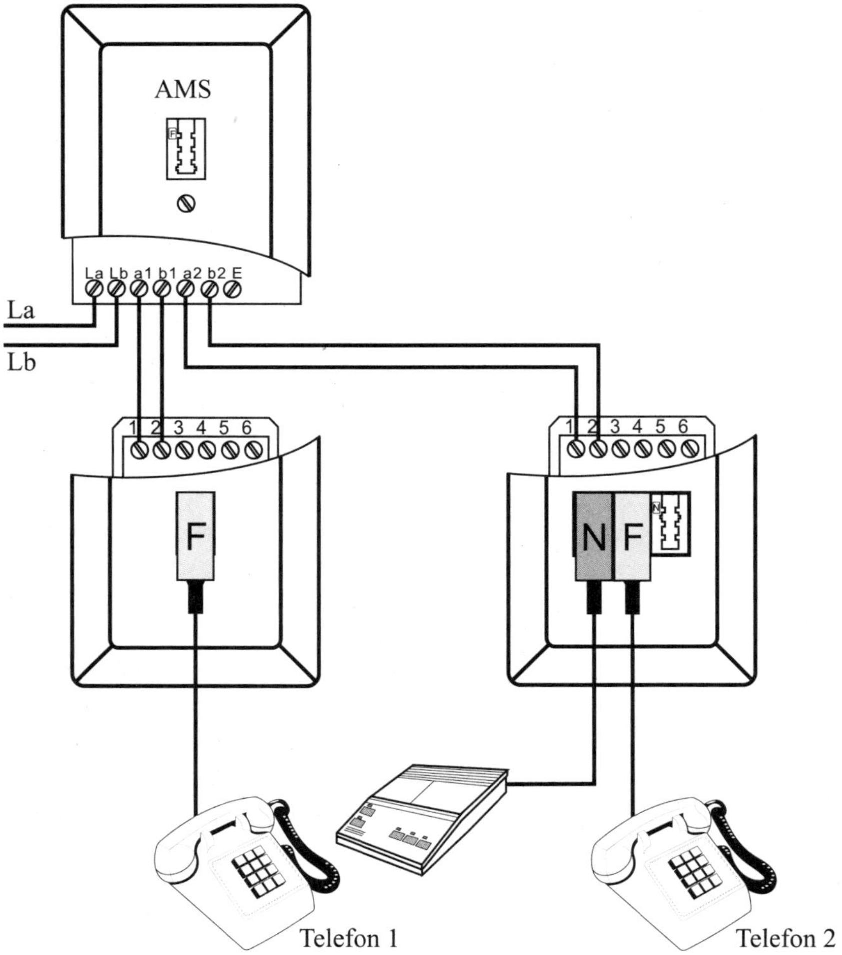

Abb. 7.4: Installatiosplan für AMS 1/2

Die W-Ader wird beim AMS also nicht benötigt. Sonst sind die Verhältnisse die gleichen, wie bei der AWADo-Schaltung. Auch hier kann Telefon 1 entweder in die AMS-Dose selbst oder in die linke TAE-Dose eingesteckt werden. Sobald der Apparat im AMS eingesteckt ist, ist die linke TAE-Dose abgeschaltet.

Abbildung 7.5 zeigt den AMS 1/2 als NFF-Ausführung. Der AMS 1/2-NFF verfügt über ein N-kodiertes Anschlußkabel und braucht nur in eine betriebsbereite TAE-Dose eingesteckt zu werden. Man hat also keinen Installationsaufwand. Allerdings werden beide Telefone an der AMS-Dose angeschlossen.

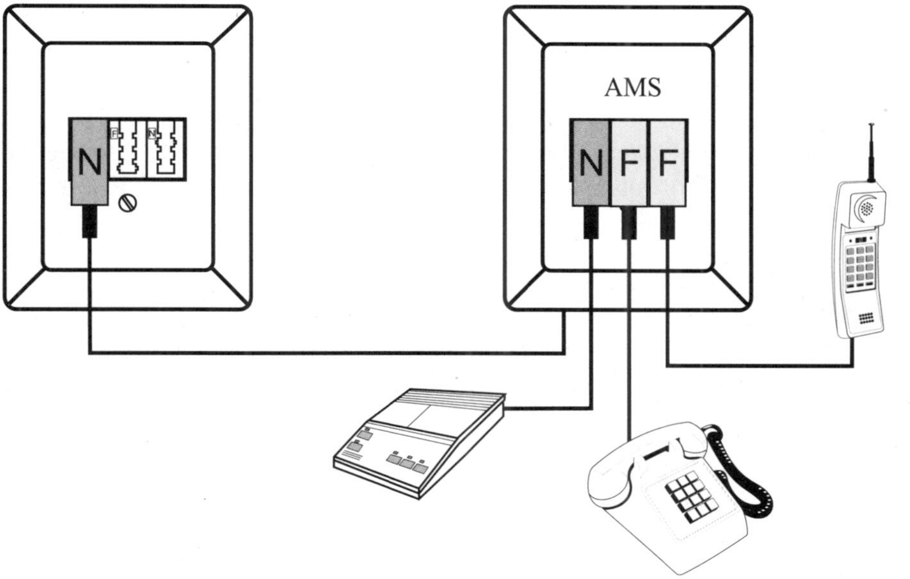

Abb. 7.5: AMS 1/2 als NFF-Dose

Äußerlich entspricht dies dem Beispiel mit dem Funktelefon der in Abbildung 6.4 gezeigten Parallelschaltung. Hier erhält jedoch nur der Teilnehmer das Gespräch, der als erster den Hörer abnimmt. Das andere Telefon ist dann abgeschaltet. Es ist also die legale Variante z.B. für den Betrieb eines „normalen" Telefons und eines Funktelefons an einer Dose bei *einem* Telefonanschluß.

7.3 Automatische Faxumschalter

Das Betreiben von einem Faxgerät und einem anderen Endgerät am gleichen Telefonanschluß, führt zu einem kleinen Problem: Wenn das Faxgerät auf automatischen Empfang eingestellt ist, übernimmt es jeden eingehenden Anruf, gleichgültig ob es sich um einen Fax- oder um einen Telefonanruf handelt. Ein Anrufer hört dann statt einem freundlichen „Hallo" den schrillen Ton des Faxgeräts im Hörer. Wenn man das Faxgerät auf manuellen Empfang einstellt, muß man bei einem Faxanruf zu Hause sein und das Gerät durch einen Tastendruck aktivieren. Auf diese Weise ist man nicht ständig per Fax erreichbar und dies ist in der Regel kein zufriedenstellender Zustand. Man benötigt also ein Gerät, welches bei einem ankommenden Anruf erkennt, ob es sich um einen Telefonanruf oder um einen Faxanruf handelt. Wenn dies erkannt ist, soll der Anruf automatisch auf das entsprechende Endgerät geschaltet werden. Genau dies ist die Funktion eines automatischen Faxumschalters. Da hier noch ein bißchen mehr dahintersteckt, will ich auf den folgenden Seiten etwas näher auf die Funktion, die Vor- und Nachteile und auf Problematiken von Faxumschaltern eingehen.

Automatische Faxumschalter sind als separate Geräte erhältlich oder sie sind in einem Faxgerät oder in einem Telefon/Fax Kombigerät bereits integriert. Ich will hier das eigenständige Gerät Faxumschalter beschreiben und nicht das in einem Kombigerät eingebaute Modul, obwohl beide natürlich auf die gleiche Weise funktionieren.

Es gibt von verschiedenen Firmen die unterschiedlichsten Ausführungen von externen Faxumschaltern. Stellvertretend soll hier ein AMS-Faxumschalter beschrieben werden. Der AMS-Faxumschalter bietet zunächst alle Merkmale eines normalen AMS 1/2, d.h. man kann über ihn zwei Telefone betreiben. Die weiteren Leistungen werden weiter unten näher erläutert.

Abbildung 7.6 zeigt einen AMS-Faxumschalter bei geöffnetem Gehäuse. Das linke Anschlußkabel (*Abbildung 7.6*) dient der Spannungsversorgung, mit dem anderen wird der Faxumschalter an das Telefonnetz angeschlossen. Man erkennt in der Mitte des Geräts drei TAE-Steckplätze für die Endgeräte und rechts unten eine Klemmleiste für alternative Installationen mit zusätzlichen TAE-Dosen.

Installation eines Faxumschalters

Das Anschlußkabel des Faxumschalters für das Telefonnetz ist mit einem N-kodierten TAE-Stecker versehen, das Gerät kann also z.B. an eine bereits in-

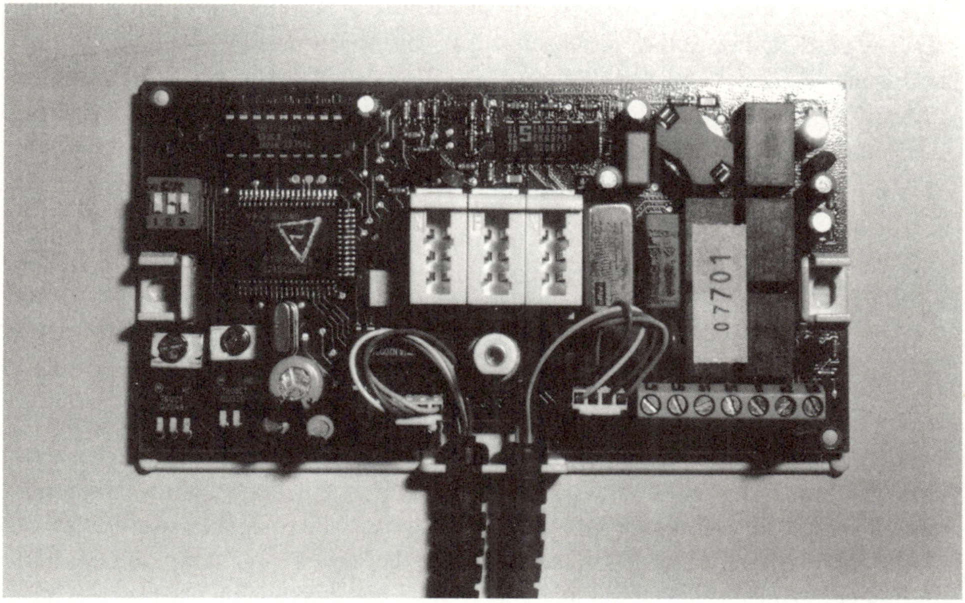

Abb. 7.6: Innenleben eines Faxumschalters

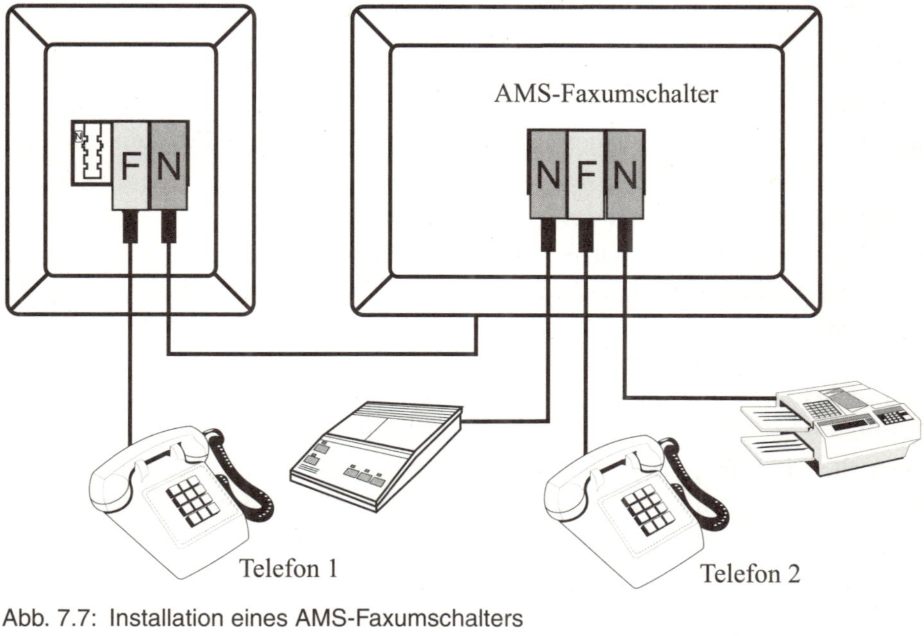

Abb. 7.7: Installation eines AMS-Faxumschalters

stallierte TAE-NFN-Dose angeschlossen werden. Am Faxumschalter selbst sind zwei N-kodierte TAE-Buchsen zum Anschluß eines Anrufbeantworters und eines Faxgeräts und eine F-kodierte TAE-Buchse für ein Telefon integriert. Es gibt mehrere Möglichkeiten der Installation, die einfachste wird in *Abbildung 7.7* dargestellt.

Der Faxumschalter wird einfach in eine betriebsbereite NFN-Dose eingesteckt. Faxgerät, Anrufbeantworter und ein Telefon werden direkt am Faxumschalter angeschlossen. Wenn man zwei Telefone betreiben will, wird ein weiterer Apparat an der NFN-Dose eingesteckt.

Prinzipielle Funktion des AMS-Faxumschalters

Die beiden Telefone (siehe *Abbildung 7.7*) können auf die gleiche Weise genutzt werden, wie bei einem AMS 1/2 (vgl. Kapitel 7.2). Der Apparat, bei dem bei einem ankommenden Telefonanruf zuerst der Hörer abgehoben wird, bekommt das Gespräch. Dieses kann zum anderen Telefon weitergegeben werden usw. Das Hauptmerkmal eines Faxumschalters ist, daß er erkennen kann, ob ein ankommender Anruf von einem Faxgerät ausgeht oder von einem Telefon. Mit anderen Worten, das Gerät kann unterscheiden, ob es sich um einen Faxanruf oder um einen Telefonanruf handelt. Ist dies erst einmal erkannt, gibt der Faxumschalter den Anruf auf das entsprechende Endgerät. Kommt also ein Fax rein, wird der Anruf auf das angeschlossene Faxgerät geschaltet; das Telefon läutet dabei nicht. Kommt ein Telefongespräch rein, klingelt entsprechend das oder die Telefon(e). Wenn niemand abhebt und es ist ein Anrufbeantworter angeschlossen, übernimmt dieser dann den Anruf nach einer voreingestellten Zeit.

Faxgerät und Telefon an der gleichen Leitung

Mit dem Faxumschalter hat man eine brauchbare Möglichkeit, ein Faxgerät und ein Telefon an der gleichen Leitung, also über die gleiche Rufnummer, zu betreiben. Natürlich kann man auch ohne Faxumschalter ein Faxgerät und ein Telefon an der gleichen Nummer betreiben, aber man hat dann nichts halbes und nichts ganzes. Zum Wegschicken einer Faxnachricht entstehen keinerlei Nachteile, aber beim Empfang wird es kritisch. Stellt man das Faxgerät auf manuellen Empfang, muß man zu Hause sein, wenn man angefaxt wird um den Faxempfang zu starten. Bei einem ankommenden Faxanruf klingelt dabei zunächst das Telefon. Beim Abheben des Hörers hört man ein Pfeifen in der Leitung, was auf ein Faxgerät schließen läßt. Man drückt dann den Startknopf des Faxgeräts, was bewirkt, daß das Faxgerät die Leitung übernimmt und das Telefon abgeschaltet wird (siehe Abbildung 5.11). Die Faxnachricht wird empfangen und die Verbindung wird nach der Übertragung beendet. Stellt man das Faxgerät auf automatischen Empfang, übernimmt es jeden ankommenden Anruf, natürlich auch dann, wenn der Anruf von einem Telefon ausgeht. Man macht sich so wahrscheinlich unbeliebt, weil jeder Telefonanrufer den schrillen Willkommensgruß des Faxgeräts zu hören bekommt. Dazu kommt noch, daß dem Anrufer eine Tarifeinheit berechnet wird, er muß also noch dafür bezahlen, daß er mit dem Faxgerät kommunizieren durfte.

Wie erkennt der Faxumschalter um was für einen Anruf es sich handelt?

Um zu erkennen, ob es sich bei einem ankommenden Ruf um einen Telefonanruf oder um einen Faxanruf handelt, muß der Faxumschalter zunächst den Anruf annehmen. Hier vielleicht einmal der Hinweis, daß dies bei ISDN schon vor dem Annehmen eines Gesprächs automatisch festgestellt wird. Ein ISDN-Telefon, das an der gleichen Nummer wie ein Faxgerät betrieben wird, läutet bei einem ankommenden Faxanruf nicht. Das Telefon weiß bereits vor dem Annehmen des Gesprächs, daß der Anruf nicht für ein Telefon bestimmt ist.

Zurück zur analogen Technik: Erst wenn ein Anruf angenommen wurde, wenn der Faxumschalter also „den Hörer abgenommen hat“ kann er feststellen, ob auf der anderen Seite ein Faxgerät auf eine Übertragung wartet oder ob es sich um einen Teilnehmer an einem Telefon handelt. Faxgeräte, die eine Nachricht senden wollen, geben in kurzen Abständen einen Erkennungston mit bestimmter Frequenz auf die Telefonleitung. Wenn der Faxumschalter diesen Ton feststellt, geht er davon aus, daß es sich am anderen Ende um ein Faxgerät handelt und leitet den Anruf auf den TAE-Anschluß, der für das Faxgerät vorgesehen ist (vgl. *Abbildung 7.7*). Das Faxgerät muß auf automatischen Empfang eingestellt sein. Wenn dies so ist, übernimmt dann das Faxgerät die Leitung und die Übertragung beginnt.

Bei jedem eingehenden Anruf nimmt der Faxumschalter also zunächst den Anruf an und dies meinst schon nach sehr kurzer Zeit. Die angeschlossenen Telefone läuten zunächst noch nicht. Der Anrufer, falls es ein Anrufer ist und kein Faxgerät, merkt natürlich, daß hier sofort das Gespräch angenommen wurde. Damit dieser es nun nicht einfach mit einer „stummen“ Leitung zu tun hat, wird er, je nach Art des Faxumschalters, gebeten zu warten oder er hört einen Ton, der sich so ähnlich anhört wie der Rufton. Ich hatte auch einmal einen Faxumschalter. Dieser hatte ein elektronisches Stimmenmodul und der Anrufer hörte immer den Satz: „Bitte warten, Sie werden verbunden!“ In dieser Zeit hat der Faxumschalter festgestellt, ob es sich um einen Faxanruf handelte oder um einen Telefonanruf. Erst als der Umschalter eindeutig erkannt hatte, daß es sich um einen Telefonteilnehmer handelte, leitete er den Anruf auf die Telefone und erst dann haben diese geläutet. Bei einem ankommenden Faxanruf läuteten die Telefone nicht, und so soll es ja auch sein.

Hier nochmals der Hinweis, daß bei neueren kombinierten Telefon-Faxgeräten und auch bei manchen Telefonanlagen solche automatischen Faxumschalter bereits eingebaut sind.

Nachteile von Faxumschaltern:
Das alles hört sich ja nun so an, als bräuchte man überhaupt keine zweite Nummer für ein Faxgerät. Nun, dem ist eigentlich auch so, allerdings hat der automatische Faxumschalter auch Nachteile:

- Bei einem Telefonanruf wird dem Anrufer immer mindestens eine Tarifeinheit berechnet, auch dann, wenn überhaupt niemand zu Hause ist. Wie schon erwähnt prüft der Faxumschalter bei jedem Anruf ob es sich um einen Faxanruf handelt oder nicht. Um dies festzustellen, muß der Anruf angenommen werden, was bedeutet, daß dem Anrufer mindestens eine Tarifeinheit berechnet wird. Hier erweist es sich als sinnvoll, einen Anrufbeantworter zu betreiben. Wenn der Anrufer schon eine Einheit aufgebrummt bekommt, soll er wenigstens die Möglichkeit haben, eine Nachricht zu hinterlassen.

- Der Faxumschalter kann ein Faxgerät als Anrufer nur dann erkennen, wenn sich das Gerät auf der anderen Seite der Leitung auch als Faxgerät zu erkennen gibt. Dies tun in aller Regel nur solche Faxgeräte mit eigener Wähleinrichtung. Die Erkennung geschieht, wie schon erwähnt, durch einen Ton mit bestimmter Frequenz. Faxgeräte ohne eigene Wähleinrichtung wurden im Kapitel 5.3 bereits beschrieben. Bei diesen, meist älteren Geräten, muß man mit dem Telefon die Nummer des anderen Faxgeräts wählen und dann den Startknopf zur Faxübertragung drücken, sobald sich das andere Gerät mit dem schon erwähnten schrillen Ton meldet. Der Faxumschalter erkennt natürlich nicht, ob der Anrufer auf der anderen Seite darauf wartet den Startknopf eines Faxgeräts zu drücken, für ihn ist der andere Teilnehmer ein Telefon und das entspricht ja auch den Tatsachen. Somit schaltet der Umschalter einen solchen Anruf auf das Telefon. Natürlich kann man dann den Empfang einer Faxnachricht manuell starten, automatisch funktioniert der Faxumschalter aber eben nur, wenn das anrufende Faxgerät einen Erkennungston auf die Leitung gibt.

- Der letzte und wohl offensichtlichste Nachteil beim Einsatz von Faxumschaltern ist der, daß man während einer Faxübertragung nicht telefonieren kann bzw. während eines Telefongesprächs per Fax nicht erreichbar ist. Für den Privatgebrauch ist dies akzeptabel, bei Firmen schon eher unerwünscht, dort wird man sich für eine eigene Faxnummer oder besser noch für ISDN entscheiden.

Den Faxumschalter überlisten

An einem Ton mit bestimmter Frequenz erkennt also der Umschalter ein Faxgerät. Was nun, wenn man als Anrufer diesen Ton irgendwie anders erzeugt oder einen ähnlichen Ton erzeugt? Nun dann passiert genau das, was man vermutet, man wird mit dem Faxgerät verbunden. Mein Freund Sahnemichel (namentlich Franz-Josef Ehm) hat sich öfter einen Spaß daraus gemacht auf eine bestimmte Art zu pfeifen, als er mich bzw. meinen Faxumschalter anrief. Wenn er es darauf angelegt hat, ist es ihm fast immer gelungen, den Faxumschalter zu überlisten und mit dem Faxgerät verbunden zu werden. Sie wollen jemandem ein Fax schicken, der einen automatischen Faxumschalter hat und Sie haben ein Faxgerät ohne eigene Wähleinrichtung? Versuchen Sie es mit Pfeifen! Schauen Sie sich aber vorher um, ob niemand in der Nähe ist. Die Erklärungen dafür, warum Sie ins Telefon pfeifen, könnten nämlich langwierig sein. Außerdem erfordert die Situation ein gewisses technisches Verständnis des anderen. Um sich die Erläuterungen zu ersparen, können Sie natürlich auch auf dieses Buch verweisen.

8 Telefonanlagen

Die wohl eleganteste Methode mehrere Telefone an einem Anschluß zu betreiben, bieten Telefonanlagen, auch Nebenstellenanlagen genannt. Hier hat jedes Telefon seine eigene Nummer, so daß man auch intern telefonieren kann. Mit anderen Worten, man ruft im Zimmer nebenan an. Sie kennen sicherlich solche Anlagen von Instituten, Krankenhäusern, Verwaltungsgebäuden usw.

Moderne Nebenstellenanlagen können viel mehr als nur Telefonverbindungen aufbauen, der Ausdruck Telefonanlage ist deshalb schon fast eine Beleidigung für ein solches Gerät. Speziell bei ISDN spricht man deshalb von Tk-Anlagen (Telekommunikationsanlagen). Ich nenne die Anlagen für einen herkömmlichen Telefonanschluß einmal Nebenstellenanlage oder Telefonanlage und behalte mir den Ausdruck Tk-Anlage für ISDN vor.

8.1 Installation von Telefonanlagen

Wir fangen mit dem Anschluß einer Nebenstellenanlage an das Telefonnetz an. Jede Anlage besitzt für die Amtsleitung Anschlußklemmen mit den Bezeichnungen La und Lb. Um auch hier zu gewährleisten, daß die Telekom ihre Leitung nachmessen kann, wird die Telefonanlage nicht direkt an den APL angeschlossen, sondern an die Klemmen 5 und 6 einer TAE-Dose mit PPA (siehe Kapitel 2.2). Alternativ kann die Telefonanlage auch mit einem TAE-Anschlußkabel mit der Dose verbunden werden. *Abbildung 8.1* zeigt den Anschluß über die Klemmleiste der TAE-Dose.

Für die einzelnen Telefone und andere Endgeräte werden dann TAE-Dosen installiert, die alle an die Telefonanlage angeschlossen werden. Für eine Anlage mit vier Nebenstellen sieht der Installationsplan zum Beispiel so aus wie es in *Abbildung 8.2* gezeigt wird.

Es werden jeweils die Klemmen 1 und 2 einer TAE-Dose mit den Klemmen a1 und b1 für die erste Nebenstelle, a2 und b2 für die zweite Nebenstelle usw. verbunden. Hier wurde auch eine Erdleitung installiert. Ob dies nötig ist, hängt davon ab, über welche Funktion ein Amt auf ein Telefon geschaltet wird. Nur bei Anlagen, bei denen die Amtsholung durch Drücken der Erdtaste geschieht,

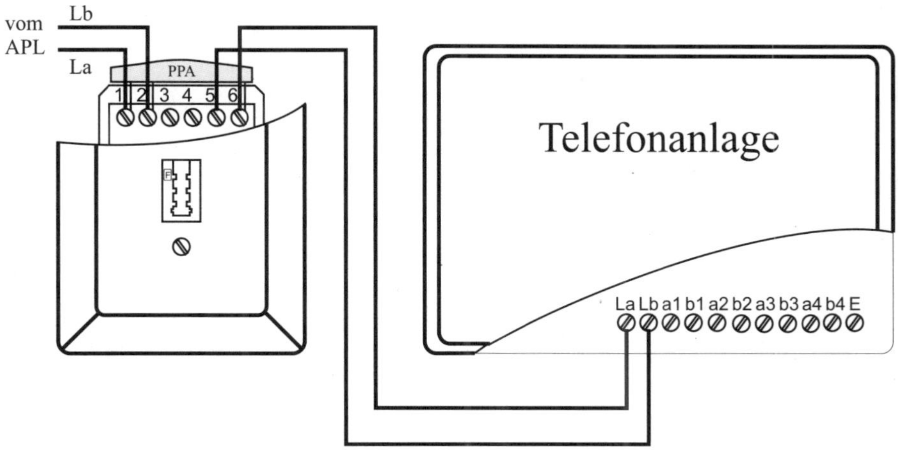

Abb. 8.1: Anschluß der Amtsleitung an eine Telefonanlage

wird diese Erdleitung benötigt. Bei neueren Anlagen kommt man ohne die Erdleitung aus, weil die Amtsholung mit Hilfe eines Flashs (siehe auch Kapitel 5.1: Die Funktion der R-Taste) funktioniert.

8.2 Standardleistungen von Telefonanlagen

Hier sollen die Leistungsmerkmale kleinerer Telefonanlagen, wie man sie in Wohnhäusern oder Kleinbetrieben findet, genannt werden. Wer sich mit solchen Anlagen schon beschäftigt hat, weiß, daß die Leistungen und auch die Preise von Anlage zu Anlage verschieden sind. Die folgende Aufzählung von Leistungen kann deshalb auch nicht vollständig sein, sie gibt die Merkmale wieder, die fast alle Anlagen können.

Interngespräche

Eigentlich braucht man zum Betreiben einer Telefonanlage keinen Amtsanschluß. Man hat eine eigene kleine Telefonwelt. Jeder Apparat hat seine eigene Nummer und kann von einem anderen Apparat angerufen werden. Meistens sind die Nummern bei kleinen Anlagen zweistellig. Sagen wir mal, bei einer Anlage mit acht Nebenstellen hätten die Apparate die Nummern 21, 22, 23 usw. bis 28. Ohne einen Amtsanschluß zu benötigen, kann jetzt zum Beispiel der Teilnehmer mit der Nummer 21 die 25 wählen und dort läutet dann das Telefon. Hebt nun bei 25 jemand ab, wird eine Telefonverbindung aufgebaut und die Teilnehmer können miteinander sprechen. Ein solches Interngespräch ko-

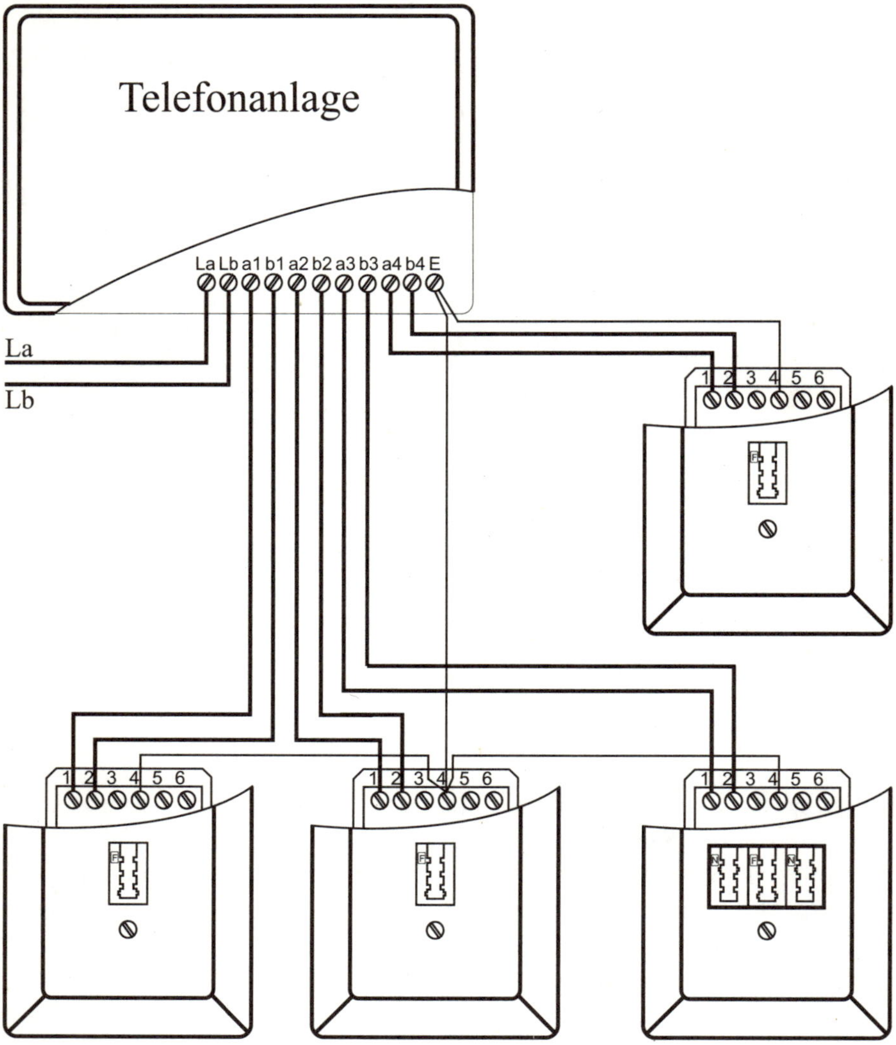

Abb. 8.2: Installationsplan für Telefonanlagen

stet natürlich keine Gebühren. Hier wird ja kein Dienst der Telekom oder eines anderen Telefonanbieters in Anspruch genommen. Die meisten Anlagen sehen vor, daß man mehrere Interngespräche zur gleichen Zeit führen kann. Während also 21 mit 25 telefoniert, kann auch 22 mit 27 sprechen.

Internkonferenzen

Durch die Wahl einer bestimmten Ziffernfolge bringt man die meisten kleinen Anlagen dazu, daß alle angeschlossenen Apparate läuten. Mit allen Teilnehmern, die dann den Hörer irgendeines Apparates abnehmen, ist man dann verbunden.

Bei etwas größeren und moderneren Anlagen ruft man einen bestimmten internen Teilnehmer an, schaltet diesen (z.B. durch Drücken der R-Taste) in die Warteschlange, ruft einen weiteren internen Teilnehmer an und schaltet die beiden mit einer bestimmten Tastenkombination dann zusammen. Auf diese Weise wird eine sog. interne Dreierkonferenz aufgebaut.

Externgespräche (Amtsgespräche)

Falls man nicht nur in den nächsten Raum telefonieren will, sondern nach „draußen", muß man sich zunächst ein Amt* „holen". Hierfür wird natürlich vorausgesetzt, daß die Telefonanlage mit dem öffentlichen Telefonnetz verbunden ist.

Wenn ein Telefon an eine Telefonanlage angeschlossen ist und man hebt den Hörer ab, hört man zunächst einen speziellen Wählton der Anlage und nicht den Wählton von der Vermittlungsstelle, bzw., wie man früher sagte, vom Amt. Dieser Wählton der Anlage soll darauf hindeuten, daß man ohne spezielle Prozeduren interne Gespräche führt. Zum Führen eines Amtsgesprächs benötigt man zunächst den Wählton vom Amt. Hier kommt es nun darauf an, um welche Art von Nebenstellenanlage es sich handelt. Bei einigen Telefonanlagen geschieht die Amtsholung durch Drücken der Signaltaste, bei anderen führt die Wahl der Ziffer Null zur Verbindung mit dem Amt. Sobald man einen Wählton vom Amt hat, kann man dann so wählen, als wäre die Telefonanlage überhaupt nicht da.

Hier nochmals der Hinweis, daß bei der Amtsholung durch die Erdtaste auch eine Erdleitung an den TAE-Dosen notwendig ist. Ohne diese Erdleitung kann man nämlich in diesem Fall nur Interngespräche führen. Unter Umständen ist dies auch einmal erwünscht, z.B. daß vom Kinderzimmer aus keine Externgespräche möglich sein sollen. Wenn man eine Anlage mit Amtsholung durch die Erdtaste besitzt, braucht man dann im Kinderzimmer einfach nur die Erdleitung wegzulassen. Je nach dem, wie alt die Kinder sind, würde ich dieses Buch dann für die Kinder unzugänglich lagern. Die meisten Telefonanlagen verfügen aber sowieso über die Möglichkeit, für jede Nebenstelle festzulegen, ob von dort aus Amtsgespräche möglich sein sollen oder nicht. Mehr dazu weiter unten im Abschnitt „Verschiedene Amtsberechtigungsarten".

Damit man weiß, ob es sich bei einem ankommenden Anruf um ein Amtsgespräch handelt oder um ein internes Gespräch, wird der Anruf unterschiedlich

---

* Speziell in diesem Zusammenhang spricht man oft noch vom Amt oder von Amtsholung. Für das Gebäude, zu dem man früher Amt gesagt hat, hat sich mittlerweile die Bezeichnung Vermittlungsstelle durchgesetzt.

signalisiert. Mit anderen Worten: Das Telefon klingelt bei einem externen Anruf anders als bei einem internen Gesprächswunsch. Je nach dem, wo man sich befindet (evtl. im Büro), wird man sich dann auf verschiedene Arten melden.

Externkonferenzen

Weiter oben wurde bereits die interne Konferenz beschrieben. Einer der Teilnehmer einer solchen Konferenz kann aber auch ein externer Gesprächspartner sein. In diesem Fall spricht man von einer Externkonferenz.

Es ist auch denkbar, daß zwei externe Teilnehmer an einer Konferenz beteiligt sind. Dabei wird entweder das Leistungsmerkmal Dreierkonferenz des T-Net (siehe Kapitel 9) genutzt, oder die Telefonanlage verfügt über zwei Amtsanschlüsse (siehe weiter unten). Hierauf will ich in diesem Buch aber nicht näher eingehen.

Rückfrage intern

Während eines Amtsgesprächs kann man dies unterbrechen und bei einem internen Teilnehmer eine Auskunft einholen. Das Amtsgespräch wird während dieser Rückfrage von der Anlage (nicht von der Vermittlungsstelle) gehalten. Man sagt auch, das Gespräch wird geparkt. Nach der Rückfrage kann man das Amtsgespräch dann weiterführen.

Eine Rückfrage wird häufig über die R-Taste eingeleitet (siehe Kapitel 5.1). Zur Erinnerung: Das R steht für Rückfrage. Während eines externen Gesprächs drückt man diese R-Taste und wählt dann den internen Teilnehmer an. Will man den externen Teilnehmer zurück haben, drückt man erneut die R-Taste und wählt die null. So funktioniert es bei den meisten Anlagen. Sollte dies nicht funktionieren, hilft eine Blick in die Bedienungsanleitung der Telefonanlage sicherlich weiter.

Bei älteren Anlagen wird eine Rückfrage während eines externen Gesprächs einfach durch die Anwahl der anderen Nebenstelle, also z.B. durch die Wahl der 23, eingeleitet. Will man den externen Teilnehmer wieder zurück haben, wählt man die null.

Weiterverbinden mit Ankündigung

Dies funktioniert ähnlich wie eine Rückfrage. Man drückt die R-Taste und wählt die Nummer des gewünschten internen Teilnehmers. Das externe Gespräch wird in dieser Zeit gehalten. Man kündigt das externe Gespräch an und legt einfach den Hörer auf. Der andere Teilnehmer erhält dann automatisch das Amtsgespräch.

Weiterverbinden ohne Ankündigung

Ein Gespräch weiterzuverbinden, ohne es anzukündigen, funktioniert genauso wie mit Ankündigung. Man wartet hierbei einfach nicht ab, bis sich der andere interne Teilnehmer meldet. Also explizit: Man drückt die R-Taste, wählt die Nummer des gewünschten internen Teilnehmers, der das Amtsgespräch bekommen soll und legt den Hörer auf. Sollte sich der andere Teilnehmer nicht melden, wird das Amtsgespräch nach einer gewissen Zeit wieder zu der Nebenstelle zurückgeleitet, von wo aus es weiterverbunden wurde. Dort klingelt dann erneut das Telefon.

Pick up

Bei einem Pick up* übernimmt man ein Gespräch, das auf einem anderen Apparat der Nebenstellenanlage signalisiert wird. Angenommen in einem Büro klingelt bei Herrn Mayer das Telefon. Dieser ist aber zur Zeit gerade nicht an seinem Schreibtisch. Herr Müller am nächsten Schreibtisch will das Gespräch annehmen. Er wählt dazu eine bestimmte Nummer und erhält das Gespräch, obwohl sein eigenes Telefon nicht geläutet hat. Diesen Vorgang nennt man Pick up. Eine solche Funktion kann auch im privaten Bereich sehr nützlich sein, nämlich bei einem Pick up vom Anrufbeantworter. Falls dieser schon ein Gespräch angenommen hat und die Telefonanlage dies vorsieht, kann man, von jeder Nebenstelle aus, dem Anrufbeantworter das Gespräch wieder „abholen".

Rufumleitung intern

Stellen wir uns vor, eine Telefonanlage sei in einem kleinen Büro installiert. Der Apparat von Frau Müller sei die Nebenstelle mit der Nummer 23. Herr Mayer sitzt in einem anderen Raum und hat die Nummer 24. Wenn jetzt Frau Müller rüber geht zu Herrn Mayer kann sie die Anlage so programmieren, daß ihre Telefonanrufe bei Herrn Mayer signalisiert werden.

Nebenstellen für ankommende Gespräche programmieren

Jede Nebenstelle kann darauf hin programmiert werden, ob bei einem ankommenden externen Anruf das Telefon an dieser Nebenstelle klingeln soll oder nicht. Angenommen Sie haben ein Telefon neben dem Bett stehen, wollen dort aber nicht gestört werden. In dem Fall kann man die Anlage so programmieren, daß man vom Bett aus zwar telefonieren kann, aber bei einem externen Anruf läutet dieser Apparat nicht. Das heißt nicht, daß man zu diesem Telefon am Bett nicht hinverbinden kann. Auch ein Pick up ist möglich. Wenn man al-

* pick up, engl. für abholen, aufsammeln

so hört, daß die anderen Apparate läuten, kann man vom Bett aus das Gespräch auch annehmen.

Verschiedene Amtsberechtigungsarten für die einzelnen Nebenstellen
Jeder Nebenstelle kann man eine Amtsberechtigung zuweisen. Dies könnte z.B. sein:

- Nichtamt nur interne Gespräche möglich
- Halbamt vom Amt erreichbar, aber keine Möglichkeit rauszuwählen
- Ort nur Gespräche im Ortsbereich (keine Null am Anfang der Nummer)
- Inland nur Inlandsgespäche (keine doppelte Null am Anfang der Nummer)
- Vollamt alles möglich

Halbamt oder Ort sind unter Umständen im Kinderzimmer sinnvoll, um ein Beispiel für diese Leistungsmerkmale von Telefonanlagen zu nennen.

Spontane Amtsholung

In der Regel bekommt man beim Abheben des Hörers eines Telefons, das an eine Telefonanlage angeschlossen ist, den Wählton der Anlage. Ohne spezielle Prozedur kann man dann Interngespräche führen. Um ein externes Gespräch zu führen, muß man sich zunächst mit der Vermittlungsstelle (dem Amt) verbinden lassen. Man spricht hier von Amtsholung. Wie bereits erwähnt funktioniert dies bei den meisten Telefonanlagen durch Wählen der Null.

In bestimmten Fällen kann es sich als sehr nützlich erweisen, wenn man beim Abheben des Hörers direkt (also spontan) mit der Vermittlungsstelle verbunden wird und für interne Gespräche eine spezielle Prozedur ausführen muß. Häufig besteht diese Prozedur dann nur darin, die R-Taste zu drücken und schon kann man Interngespräche führen.

Eine spontane Amtsholung wird häufig für Nebenstellen programmiert, an denen ein Modem oder ein Faxgerät angeschlossen ist. In der Regel wird ein Faxanruf ein externer Anruf sein. Nur bei größeren Firmen kann es vorkommen, daß ein Fax intern von einem Gebäude in ein anderes geschickt wird. Für die Nebenstelle eines Faxgeräts ist es also sinnvoll, diese für eine spontane Amtsholung zu programmieren. Man braucht dann beim Wählen nicht immer die Null voranzustellen. Natürlich kann ein spontane Amtsholung auch für ein Telefon sinnvoll sein, in einer Dreizimmerwohnung wird man wahrscheinlich wenig Interngespräche führen und wenn ist dies einmal erforderlich wird, drückt man vor dem Gespräch die R-Taste.

Bei vielen Telefonanlagen kann eine spontane Amtsholung für jede Nebenstelle individuell programmiert werden. Speziell bei Faxgeräten kann die spontane Amtsholung einige Probleme aus der Welt schaffen. Lesen Sie dazu im Kapitel 5.3 den Abschnitt „Faxgeräte an Telefonanlagen“.

Kommunikation mit der Türsprechstelle und Öffnen der Haustür

Eine separate Türsprechanlage ist doch Schnee von gestern. Schon die kleinsten Telefonanlagen sind dafür vorgesehen, auch eine Türsprechstelle anzuschließen. Wenn jemand an der Haustür ist, kann man dann von jedem Telefon aus ein spezielles Interngespräch, nämlich eins zur Haustür führen. Durch anschließende Wahl irgendeiner Ziffer kann dann auch gleich die Haustür mit dem Telefon geöffnet werden. Der Türöffner wird dann für ca. 3 Sekunden betätigt und schaltet sich anschließend automatisch wieder ab. Mit welcher Nummer man zur Haustür wählen kann bzw. wie man den Türöffner betätigt, ist natürlich von Anlage zu Anlage unterschiedlich. Hier verweise ich auf die zugehörige Bedienungsanleitung.

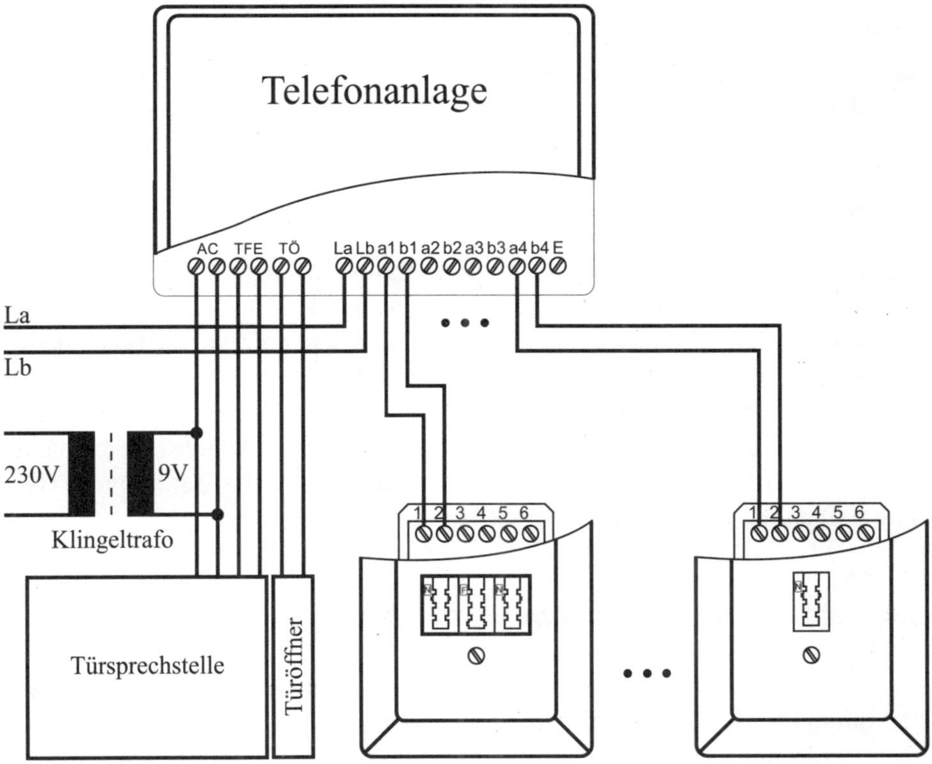

Abb. 8.3: Anschluß von Türsprechstelle und Türöffner

Im Fachjargon heißt die Türsprechstelle für Telefonanlagen übrigens Türfreisprecheinrichtung, kurz TFE. Eine TFE muß für den Betrieb an der Telefonanlage vorgesehen sein, man kann also nicht in jedem Fall eine evtl. bereits existierende Türsprechstelle verwenden.

Die notwendigen zusätzlichen Installationen zur Haustür sind nicht sehr aufwendig. Man muß die Telefonanlage mit dem Türöffner, mit der Türsprechstelle und mit dem Klingeltrafo verbinden. Außerdem benötigt die TFE in den meisten Fällen auch die Spannung des Klingeltrafos. Auch hier wird auf die beiliegende Bedienungsanleitung der Anlage verwiesen; meistens sieht aber der Installationsplan so aus wie es in *Abbildung 8.3* dargestellt wird:

8.3 Telefonanlagen am PC

Bei fast allen neueren Telefonanlagen kann die Programmierung für ankommende Gespräche, für Rufumleitungen, für Amtsberechtigungsarten usw. am Rechner vorgenommen werden. Die Telefonanlage wird dazu mit einem (evtl. mitgelieferten) Kabel über eine serielle Schnittstelle (COM-Schnittstelle) mit dem PC verbunden. Mit einer speziellen, mitgelieferten Software wird die Anlage dann programmiert. Neben den genannten Möglichkeiten können noch weitere Leistungsmerkmale der Telefonanlage genutzt werden, die nur mit Hilfe des PC möglich sind, z.B. die Auswertung und Verwaltung der Telefongebühren.

Die meisten Telefonanlagen können die anfallenden Gebühreninformationen für jede Nebenstelle speichern. Die Kosten können den einzelnen Nebenstellen zugeteilt werden. Voraussetzung hierfür ist natürlich, daß die Tarifinformationen von der Vermittlungsstelle auch übermittelt werden (siehe Kapitel 5.6). Ob die Gebühreninformationen, die die Telefonanlage von der Vermittlungsstelle erhält, auch auf einem Display eines angeschlossenen Nebenstellenapparats angezeigt werden, hängt davon ab, ob die Anlage die 16kHz-Zählimpulse (Kapitel 5.6) an die Endgeräte weitergibt.

8.4 Telefonanlagen für zwei Amtsleitungen

Es gibt Nebenstellenanlagen, die man an zwei Amtsleitungen, also an zwei herkömmliche Telefonanschlüsse, anschließen kann. Der Vorteil liegt auf der Hand, es können zwei Teilnehmer gleichzeitig nach „Draußen“ telefonieren. Bei der Amtsholung durch die Null oder die Erdtaste sucht sich die Anlage eine freie Amtsleitung aus. Erst wenn beide Amtsleitungen besetzt sind, erhält der Teilnehmer, der ein Amt haben will, einen Besetztton. Meistens kann man die Anlagen so programmieren, daß ein bestimmter Teilnehmer nur eine bestimmte Amtsleitung bekommt. Dadurch lassen sich die Telefonkosten leichter trennen. Das Gleiche gilt für ankommende Gespräche. Man programmiert die Anlage so, daß die Anrufe von der ersten Amtsleitung z.B. auf den Apparat von Herrn Mayer geleitet werden und die von der zweiten Amtsleitung zu Frau Schmitt.

Telefonanlagen für zwei Amtsleitungen gibt es eigentlich kaum noch, weil eine ISDN-Tk-Anlage hier sinnvoller ist. Bei einem ISDN-Standardanschluß kann man sowieso gleichzeitig zwei externe Gespräche führen und die Anschlußgebühren eines ISDN-Anschlusses sind günstiger als die für zwei herkömmliche Anschlüsse. Ich verweise hier nochmals auf mein Buch „ISDN für PC und Telefon“, in dem ich einige Anschluß- und Konfigurationsbeispiele für Tk-Anlagen beschreibe.

8.5 Hinweise für den Betrieb spezieller Geräte an Telefonanlagen

Bei der Inbetriebnahme einer Telefonanlage und der einzelnen Nebenstellengeräte können unerwartete Probleme auftreten. Deshalb dieses kleine Kapitel.

8.5.1 Spezielle Telefone an einer Telefonanlage

Natürlich kann man jedes herkömmliche Telefon an einer Telefonanlage betreiben. Mit herkömmlich meine ich, daß es sich nicht um eine ISDN-Telefon handelt. Unter Umständen kann man aber bestimmte Leistungsmerkmale der Telefonanlage mit einigen Geräten nicht nutzen. Auf diese Besonderheiten will ich in diesem Kapitel eingehen.

Der Flash ist wichtig

Dienste wie Rückfrage, Konferenz, Weiterverbinden usw. werden bei den meisten Telefonanlagen durch einen Flash initiiert. Wenn Ihre Telefone keinen Flash können, suchen Sie sich entweder eine Telefonanlage aus, die ohne Flash auskommt oder kalkulieren Sie bei der Installation der Telefonanlage den Kauf neuer Telefone mit ein.

Auch wenn die Telefonanlage mit einem Flash gesteuert wird, kommt man mit Telefonen ohne Flash-Funktion aus, wenn Anlage und Telefon Impulswahl können und der Flash-Trick funktioniert (siehe Kapitel 5.1, Die Funktion der R-Taste). Das weiß man aber erst, wenn man es ausprobiert hat, also noch nicht vor dem Kauf einer Telefonanlage.

Telefone mit Wählscheibe

Telefone mit Wählscheibe wählen nicht im Mehrfrequenzwahlverfahren. Können solche Geräte an einer modernen Telefonanlage betrieben werden? Nun, auf jeden Fall kann man bei der Benutzung eines solchen Endgeräts angerufen werden. Aber das ist sicherlich nicht Sinn der Sache. Glücklicherweise verstehen die meisten Telefonanlagen sowohl Tonwahl als auch Impulswahl. Ich habe aber auch schon Anlagen gesehen, die nur Tonwahl können. In diesem Fall haben Sie mit älteren Telefonen ein Problem. Informieren Sie sich also beim Kauf einer Telefonanlage diesbezüglich, falls Sie Ihren alten W48 (siehe Abbildung 5.1) weiterhin betreiben wollen.

Was Sie mit einem Telefon mit Wählscheibe nicht nutzen können, sind alle Leistungsmerkmale, für die man einen Flash benötigt. Telefonieren klappt also, Weiterverbinden und Makeln wird bei den wenigsten Anlagen funktionieren, außer mit Hilfe des Flash-Tricks.

Was ebenfalls nicht funktioniert sind alle Leistungsmerkmale der Telefonanlage, für die man entweder die Stern- oder die Raute-Taste drücken muß. Signale mit diesen Funktionen gibt es bei Impulswahl nicht. Aber auch hierfür habe ich einen Trick auf Lager, schauen Sie sich *Abbildung 1.6* an.

Anzeigen der Rufnummer des Anrufers vor dem Abheben des Hörers

Wie bereits erwähnt gibt es beim herkömmlichen Telefonanschluß unter Verwendung bestimmter Endgeräte (z.B. dem Telefon TARSIS C) die Möglichkeit, die Rufnummer eines Anrufers bereits vor dem Annehmen des Gesprächs anzeigen zu lassen. Mehr dazu in Kapitel 9.

Wenn Sie nun ein TARSIS C an eine Telefonanlage anschließen und Sie wollen dort auch die Rufnummer vor dem Abheben des Hörers angezeigt bekommen, muß die Anlage dafür vorgesehen sein. Bei ISDN-Anlagen ist dies unter Verwendung digitaler Endgeräte Standard. Mir ist jedoch nicht bekannt, daß es zur Zeit schon Telefonanlagen für einen herkömmlichen Telefonanschluß gibt, die die Rufnummer an die Endgeräte weiterleiten. Aber mit sehr hoher Wahrscheinlichkeit wird es solche Telefonanlagen in Zukunft geben.

8.5.2 Faxgeräte an einer Telefonanlage

Hier muß zunächst eine Unterscheidung bezüglich dem Versenden von Faxnachrichten und dem Empfangen von Faxnachrichten gemacht werden. Wenn Sie Ihr Faxgerät bisher an einem Hauptanschluß betrieben haben und dann an eine Nebenstelle einer Telefonanlage anschließen, kann es zu Problemen beim Versenden von Faxnachrichten kommen. Der Grund hierfür wird im Kapitel 5.3 im Abschnitt „Faxgeräte an Telefonanlagen“ beschrieben. In diesem Kapitel will ich verschiedene Möglichkeiten und Problematiken des automatischen Faxempfangs bei Verwendung einer Telefonanlage erläutern.

Bei größeren Firmen kann man die Nebenstellen der Telefonanlage direkt anwählen. Solche Durchwahlnummern werden häufig mit einem Bindestrich an die eigentliche Telefonnummer angehängt, z.B. 7380-218. Bei einer solchen Anlage ist es keine Problem, ein Faxgerät direkt anzuwählen. Dieses bekommt einfach seine eigene (Durchwahl-) Nummer. Bei kleinen Telefonanlagen, wie sie (bei einem herkömmlichen Telefonanschluß) im privaten Bereich üblich sind, ist keine Durchwahl möglich, das Faxgerät teilt sich also mit den anderen Endgeräten die gleiche Telefonnummer. Somit sind wir wieder bei dem Problem der Erkennung eines Faxanrufs (siehe Kapitel 7.3). Zum Betreiben eines Faxgeräts *und* einer kleinen Telefonanlage bietet die herkömmliche Telefonwelt mit Hilfe eines automatischen Faxumschalters Möglichkeiten.

Telefonanlage an einem automatischen Faxumschalter

Man kann einen automatischen Faxumschalter benutzen, wie er im Kapitel 7.3 vorgestellt wird. Statt des rechten Telefons in Abbildung 7.7 wird dann die Telefonanlage an den Faxumschalter angeschlossen (siehe *Abbildung 8.4*).

Die Telefone an der Anlage läuten bei dieser Installation nur, wenn der Faxumschalter festgestellt hat, daß es sich nicht um einen Faxanruf handelt. Der Anrufbeantworter kann entweder direkt an den Faxumschalter oder an die Telefonanlage angeschlossen werden. Die im Kapitel 7.3 beschriebenen Nachteile von Faxumschaltern kommen hier natürlich auch zum Tragen.

Telefonanlagen mit integriertem Faxumschalter

Moderne Telefonanlagen haben bereits einen Faxumschalter integriert. Sie besitzen dann eine für das Faxgerät vorgesehene Nebenstelle. Aber auch hier muß das Gespräch entgegengenommen werden, um zu prüfen, ob es sich um einen Faxanruf oder um einen „normalen“ Telefonanruf handelt. Dies tut in dem Fall eben die Telefonanlage. Wie beim Faxumschalter bekommt auch hier der Anrufer mindestens eine Einheit berechnet, egal ob ein Fax geschickt wur-

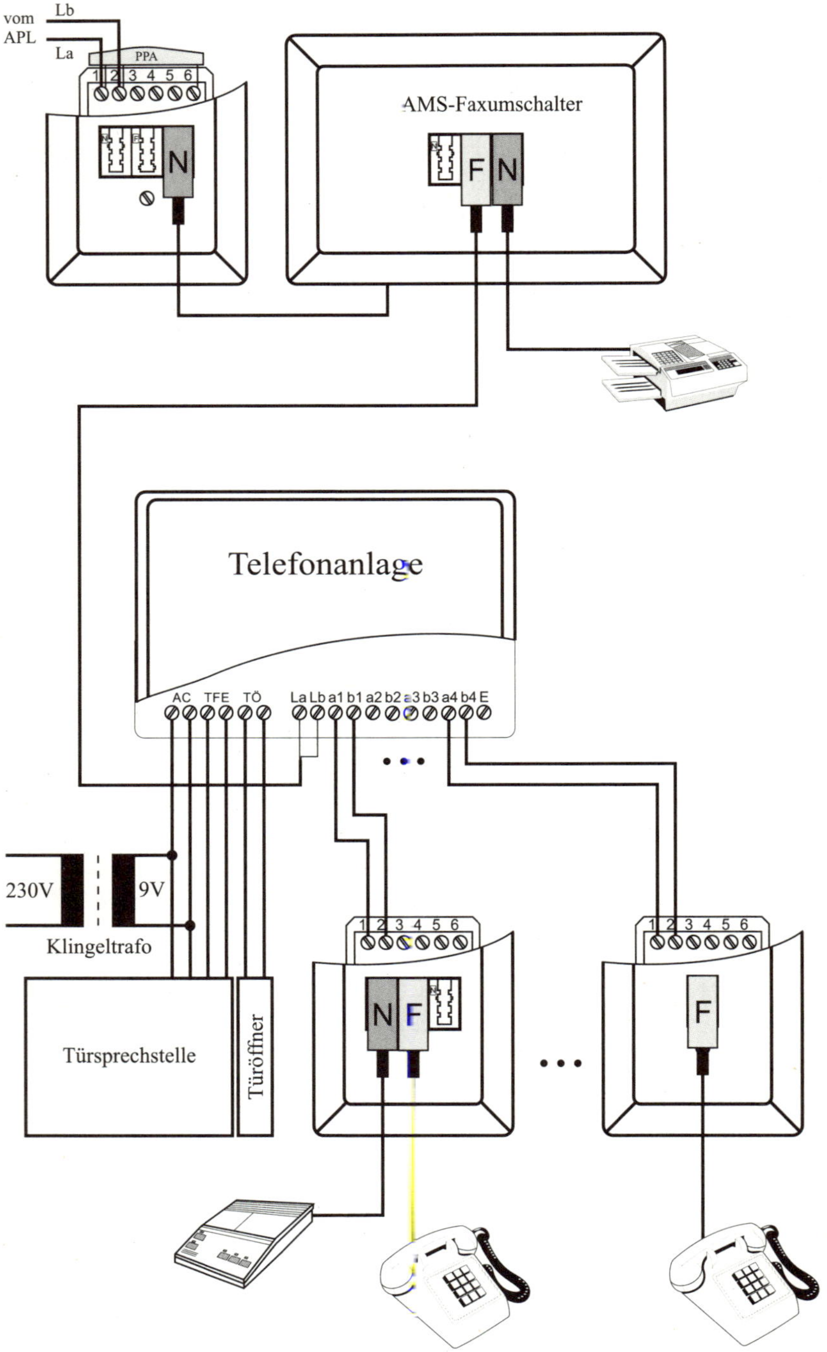

Abb. 8.4: Telefonanlage an einem automatischen Faxumschalter

de, ob telefoniert wurde, ob eine Nachricht auf dem Anrufbeantworter hinterlassen wurde oder ob kein Gespräche zustande gekommen ist. Die Anlage muß den Anruf entgegennehmen, um festzustellen, ob auf der Leitung ein Faxerkennungston zu hören ist und ein angenommener Anruf kostet den Anrufer eben mindestens eine Einheit. Übrigens gibt die Anlage, sobald sie das Gespräch angenommen hat, einen eigenen Freiton auf die Leitung, damit der Anrufende weiß, daß das Telefon auf der anderen Seite läutet. Dieser anlageneigene Freiton hört sich unter Umständen etwas anders an, als der Freiton vom Amt. Er ist die Analogie zu der Ansage „Bitte warten, Sie werden verbunden!“, die mein Faxumschalter auf die Leitung gegeben hat (siehe Kapitel 7.3).

Kombinierte Telefon-Faxgeräte an einer Telefonanlage

Kombinierte Telefon-Faxgeräte (sie heißen auch Kombi-Geräte oder Multi-Geräte) haben einen Faxumschalter integriert. Wenn man ein solches Gerät an eine Nebenstelle einer Telefonanlage anschließt, muß man folgendes beachten: Damit das Kombi-Gerät feststellen kann, ob es sich um einen Faxanruf handelt, muß es, genau wie ein separater Faxumschalter auch, das Gespräch annehmen (vgl. Kapitel 7.3). Wenn es dies aber bei einem eingehenden Ruf sofort tut, hat man keine Möglichkeit mehr, von einer anderen Nebenstelle das Gespräch entgegenzunehmen. Aus der Sicht der Telefonanlage wurde das Gespräch ja entgegengenommen und die Telefonanlage kann nicht unterscheiden, ob es ein Mensch oder eine Maschine war, die den Anruf angenommen hat. Man kann danach den Anruf nur noch am Kombi-Gerät entgegennehmen, weil nur dieses noch den Ruf signalisiert. Dies kann natürlich nicht der Sinn der Sache sein. Glücklicherweise kann man die meisten Multi-Geräte so programmieren, daß sie ein Gespräch erst nach dem dritten oder dem fünften Klingeln entgegennehmen. In dieser Zeit klingeln die Telefone aller Nebenstellen. Erst wenn in dieser Zeit niemand das Gespräch angenommen hat, nimmt es das Multi-Gerät entgegen. Es stellt dann fest, ob es sich um einen Faxanruf handelt oder nicht und leitet dann das Gespräch auf das entsprechende Modul. Zur Erinnerung: Solche Multi-Geräten haben in der Regel auch einen integrierten Anrufbeantworter.

Falls man an einem Telefon der Nebenstellenanlage ein Gespräch entgegennimmt und feststellt, daß es sich um einen Faxanruf handelt (Faxerkennungston auf der Leitung), verbindet man das Gespräch einfach zu der Nebenstelle des Multi-Geräts.

8.5.3 Modems an einer Telefonanlage

Modems arbeiten, genau wie Faxgeräte, mit einer Wähltonerkennung, d.h. das Gerät wählt erst dann, wenn es den Wählton von der Vermittlungsstelle bekommt. Wenn das Modem aber an einer Nebenstelle angeschlossen ist, erhält es beim „Abheben“ den Wählton von der Telefonanlage und nicht den von der Vermittlungsstelle. Resultat: Das Modem meldet beim Versuch, eine Verbindung aufzubauen, einen Fehler. Man muß das Modem zur sog. Blindwahl veranlassen. Dies geschieht in den einzelnen Programmen (DFÜ-Netzwerk, Faxprogramm, Terminalprogramm usw.) durch Angabe einer entsprechenden Option. Das Modem wird dann mit Hilfe eines bestimmten AT-Befehls so konfiguriert, daß es auch wählt, ohne den Wählton abzuwarten. Weiterhin muß man, wenn dies nicht ausdrücklich im Programm anders beschrieben ist, bei der Telefonnummer die Null zur Amtsholung mit angeben. Man schreibt dann in der Regel ein Komma nach der ersten Null, also z.B. 0,068427380. Das Komma veranlaßt das Modem ca. eine Sekunde zu warten, bevor die restlichen Ziffern gewählt werden.

Ein weiterer Punkt, den es beim Betrieb eines Modems an einer Telefonanlage zu beachten gibt, ist die Übertragungsgeschwindigkeit. Nicht jede Telefonanlage unterstützt bei der Datenübertragung die maximal mögliche Übertragungsgeschwindigkeit für analoge Telefonanschlüsse von 56000 Bit/s. Dies hängt davon ab, wie die einzelnen Nebenstellen aufs Amt geschaltet werden. Wenn dies mit Relais geschieht, wird man nicht mit Verlusten rechnen müssen. Wenn aber Transistoren benutzt werden, kann es sein, daß nur eine bestimmte Übertragungsgeschwindigkeit über die Telefonanlage möglich ist. Es wird zwar in jedem Fall eine Verbindung hergestellt, aber es kann sein, daß die Übertragungsgeschwindigkeit geringer ist, als sie ohne Telefonanlage wäre. Angaben zur maximal möglichen Übertragungsgeschwindigkeit sollten Sie in der Bedienungsanleitung der Telefonanlage finden.

9 T-Net – fast wie ISDN

In diesem Kapitel will die Möglichkeiten beschreiben, die man in der heutigen Zeit mit einem herkömmlichen Telefonanschluß hat.

Durch die Digitalisierung der Vermittlungsstellen sind viele Dinge in Bezug auf das Telefonieren möglich geworden, die noch vor ein paar Jahren undenkbar waren. Wer sich schon über ISDN informiert hat, für den sind die Begriffe Anklopfen, Makeln, Dreierkonferenz, Rufumleitung usw. keine Fremdworte mehr. Aber um diese Leistungsmerkmale nutzen zu können, brauchen Sie nicht zwingend einen ISDN-Anschluß. Viele der Leistungen, die eigentlich ISDN-Leistungen sind, werden Ihnen heutzutage bei einem herkömmlichen Telefonanschluß ebenfalls zur Verfügung gestellt, und die meisten davon sogar kostenlos.

9.1 T-Net, der Name steht für Digitalisierung und Innovation

Zur Erinnerung: Im Kapitel 1.1 habe ich bereits erwähnt, daß seit 1995 das Telefonnetz der Deutschen Telekom AG einen Namen hat, es heißt T-Net. In neueren Broschüren der Telekom ist nur noch vom T-Net oder von T-Net-ISDN die Rede. T-Net ist das Telefonnetz der Telekom und T-Net-ISDN ist der ISDN-Dienst der Telekom, der über die gleichen Leitungen zur Verfügung gestellt wird.

Alle Vermittlungsstellen in Deutschland arbeiten mittlerweile digital, d.h. für den Aufbau einer Telefonverbindung sind spezielle Rechner zuständig und nicht wie früher Drehwähler und Relais.

Es gibt übrigens keine speziellen Vermittlungsstellen für ISDN. Mit anderen Worten, die Leitungen von ISDN-Anschlüssen und von herkömmliche Telefonanschlüssen enden am gleichen Vermittlungsrechner. Unterschiedlich ist nur die Art der Datenübertragung zwischen Vermittlungsstelle und Teilnehmer. Bei einem herkömmlichen Anschluß werden die Daten analog übertragen und bei einem ISDN-Anschluß eben digital. Nun sind aber auch bei analoger Übertragungstechnik viele der Leistungen möglich, die bis vor kurzem nur bei

ISDN üblich waren. Der Unterschied liegt nur darin, daß die Leistungen anders initiiert werden. Bei ISDN funktioniert dies über einen eigenen Datenkanal und beim herkömmlichen Telefonanschluß mit speziellen Tastenkombinationen in Verbindung mit der Stern- und der Raute-Taste oder mit Hilfe eines Hook-Flash. Mit speziellen Telefonen, wie z.B. dem TARSIS C (siehe auch Kapitel 5.1), können die Leistungen auch direkt per Tastendruck initiiert werden. Mehr dazu später.

Fazit: Mit einem herkömmlichen Telefonanschluß können viele ISDN-Leistungsmerkmale genutzt werden. Die Initiierung der Leistungsmerkmale funktioniert mit Hilfe spezieller Tastenkombinationen oder mit dafür vorgesehenen Endgeräten.

9.2 Beschreibung der T-Net-Leistungen

An dieser Stelle will ich zuerst die einzelnen Leistungsmerkmale des T-Net beschreiben. Wie man diese Leistungen dann initiiert, wird in den Unterpunkten des Kapitels 9.6 erläutert.

Wie bereits erwähnt, sind die meisten der hier beschriebenen Leistungsmerkmale identisch oder ähnlich mit denen bei einem ISDN-Anschluß. Aus diesem Grund werden für die Leistungen auch die gleichen Bezeichnungen und die gleichen internationalen Abkürzungen benutzt. Diese Abkürzungen wurden vor ein paar Jahren in deutscher Literatur oder in den Bedienungsanleitungen der Endgeräte eher selten benutzt, heute findet man sie öfter vor. Ich habe die Abkürzungen bei den Beschreibungen der einzelnen Leistungen in Klammern angegeben. Die englischen Bedeutungen dieser Abkürzungen können Sie im Anhang A nachlesen.

9.2.1 Rückfrage und Makeln

Während Sie mit einem Teilnehmer A telefonieren, haben Sie die Möglichkeit ein anderes Gespräch mit einem Teilnehmer B zu führen, ohne die Verbindung zum Teilnehmer A zu beenden. Das Gespräch mit Teilnehmer A wird in dieser Zeit von der Vermittlungsstelle gehalten. Der Grund, um so etwas zu tun, wird meistens der sein, daß man für das Gespräch mit Teilnehmer A Informationen von Teilnehmer B benötigt. Im Fachjargon nennt man dies deshalb Rückfrage. Nachdem Sie Informationen eingeholt haben, können Sie das Gespräch mit

Teilnehmer B beenden und wieder zum Teilnehmer A zurückschalten. Dies ist ein klassisches Beispiel für eine Rückfrage.

Während das Gespräch mit Teilnehmer A gehalten wird, können Sie aber Teilnehmer B auch sagen, er soll dran bleiben und schalten zurück zu A, wobei nun das Gespräch mit Teilnehmer B gehalten wird. Sie haben also zwei Telefonverbindungen, zwischen denen Sie hin und her schalten können, und zwar beliebig oft. Dieses Hin- und Herschalten wird Makeln genannt.

Rückfrage und Makeln werden über das ISDN-Leistungsmerkmal Halten (HOLD) realisiert.

Anmerkung: Im Kapitel 8.2 habe ich bereits die Rückfrage bei Telefonanlagen beschrieben. Im Gegensatz zur internen Rückfrage bei Telefonanlagen funktioniert die hier genannte Rückfrage mit einem externen Teilnehmer.

9.2.2 Anklopfen (CW)

Während Sie ein Telefongespräch mit Teilnehmer A führen, bekommt ein Teilnehmer B, der Sie unter der Nummer anruft, die Sie gerade nutzen, kein Besetztzeichen, sondern einen Rufton. Teilnehmer B bemerkt also nicht, daß Sie gerade telefonieren. Sie werden durch ein akustisches Signal (bei einigen Telefonen auch zusätzlich durch ein optisches Signal) darauf hingewiesen, daß Sie jemand anruft. Diesen Vorgang bezeichnet man als Anklopfen. Wenn Sie den Anruf von Teilnehmer B annehmen, wird das Gespräch mit Teilnehmer A von der Vermittlungsstelle gehalten. Wenn Sie dies nicht tun, bekommt Teilnehmer B nach 30 Sekunden das Besetztzeichen.

Sobald Sie einen Teilnehmer, der während eines Gesprächs anklopft, annehmen, haben Sie die gleiche Situation wie bei einer Rückfrage. Sie sind mit zwei Teilnehmern verbunden zwischen denen Sie hin und her schalten (makeln) können.

9.2.3 Dreierkonferenz (3PTY)

Makeln bedeutet zwar, daß Sie mit zwei Teilnehmern telefonieren können, aber nicht gleichzeitig. Sie können immer nur hin und her schalten. Bei einer Dreierkonferenz reden Sie mit beiden Teilnehmern gleichzeitig und die beiden anderen Teilnehmer können dabei natürlich auch miteinander reden. Ein Plauderstündchen zu dritt also.

9.2.4 Anrufweiterschaltung (CFU, CFB, CFNR)

Sie können über Ihr Endgerät der Vermittlungsstelle mitteilen, daß ein für Sie bestimmtes Gespräch auf einen anderen Anschluß umgeleitet werden soll. Dieser Anschluß kann ein herkömmlicher Telefonanschluß, ein ISDN-Anschluß, ein Handy-Anschluß oder was auch immer sein, wobei es auch egal ist, wo (auf der Welt) sich dieser Anschluß befindet. Angenommen Sie erwarten einen wichtigen Anruf und Sie sind bei Ihren Schwiegereltern zum Kaffee eingeladen. Wenn Sie ihren Anschluß so programmieren, daß jeder Anruf zu den Schwiegereltern umgeleitet wird, sind Sie bei Ihren Schwiegereltern mit Ihrer Telefonnummer erreichbar. (Sie brauchen dann nicht die Einladung der Schwiegereltern abzulehnen, weil Sie noch auf einen wichtigen Anruf warten.)

Bei einer Anrufweiterschaltung (AWS), sie wird auch Rufumleitung oder einfach nur Umleitung genannt, kann man angeben, ob der Anruf

- sofort (CFU)
- bei nicht melden nach 15 Sekunden (CFNR)
- nur bei besetzter Leitung (CFB)

umgeleitet werden soll.

9.2.5 Rückruf bei Besetzt-Status (CCBS)

Wenn Sie jemanden anrufen und dessen Anschluß ist besetzt, können Sie eine bestimmte Prozedur einleiten, bei der die Verbindung automatisch erneut hergestellt wird, sobald der Besetzt-Status des anderen Teilnehmers aufgehoben ist. Dabei wird der Status des anderen Teilnehmers von der Teilnehmervermittlungsstelle (TVSt) laufend kontrolliert. Wenn der Anschluß wieder frei ist, werden zunächst Sie von der TVSt angerufen. Sobald Sie abheben wird die Verbindung zu dem anderen Teilnehmer aufgebaut und Sie erhalten einen Rufton.

Rückruf bei Besetzt-Status ist nur innerhalb des Telekom-Netzes möglich, weil die Vermittlungsstelle den Zielanschluß direkt überwachen muß. Das Leistungsmerkmal kann also nicht für Gespräche ins Ausland oder zu einem Handy genutzt werden. Bei Nebenstellen von Telefonanlagen, z.B. von Ämtern, Krankenhäusern, Firmen usw. ist dies ebenfalls nicht möglich, weil auch hierbei die Vermittlungsstelle den (Nebenstellen-)Anschluß nicht direkt überwachen kann. (Gerade dort bräuchte man es am meisten.)

Das Leistungsmerkmal Rückruf bei Besetzt-Status gibt es im ISDN erst seit 1. Juli 1996, für einen herkömmlichen Anschluß erst seit dem 15. Januar 1998.

Bei Telefonanlagen gibt es diesen Dienst für die *interne* Kommunikation übrigens schon länger.

9.2.6 Übermittlung und Anzeige der Rufnummer (CLIP, CLIR)

Bei ISDN-Teilnehmern war das Leistungsmerkmal Übermittlung der Rufnummer vom Anrufer zum Angerufenen (CLIP) von je her voreingestellt. Für einen herkömmlichen Anschluß wird CLIP erst seit dem 15. Januar 1998 bei neu einzurichtenden Telefonanschlüssen generell freigeschaltet. Für Anschlüsse, die bereits vor diesem Stichtag existiert haben, kann die Übermittlung der Rufnummer unter der Telefonnummer 01114 beantragt werden. Die Freischaltung dieses Leistungsmerkmals ist kostenlos.

Wenn die Rufnummer eines Anrufers an den Angerufenen übermittelt wird, kann diese beim Angerufenen mit dafür vorgesehenen Endgeräten angezeigt werden. Verfügt der Angerufene über einen ISDN-Anschluß, ist dies mit jedem ISDN-Telefon mit Display möglich. Bei einem herkömmlichen Anschluß muß das Leistungsmerkmal „Übermittlung der Rufnummer zum Angerufenen“ extra beantragt werden. Zur Anzeige benötigt man dann entweder eine Nummernbox (siehe Kapitel 5.7) oder ein CLIP-fähiges Telefon. Zur Zeit können am herkömmlichen Anschluß nur die Modelle TARSIS C, SINUS 54 und neuere SINUS 44-Geräte die Rufnummer anzeigen.

Um hier jedes Mißverständnis auszuschließen, im ersten Abschnitt dieses Kapitels ist die Rede von der Übermittlung der Rufnummer bei einem abgehenden Gespräch. Dies ist Grundvoraussetzung, daß ein Angerufener eine Rufnummer angezeigt bekommt. Im zweiten Abschnitt geht es um die Übermittlung der Rufnummer von der Vermittlungsstelle zum Angerufenen. Dies ist bei ISDN Standard und muß bei einem herkömmlichen Anschluß (zumindest zur Zeit) extra beantragt und auch extra bezahlt werden.

Bei komfortablen CLIP-fähigen Telefonen kann man Telefonnummern und die zugehörigen Namen sozusagen im Telefonbuch des Telefons speichern. Bei einem Anruf vergleicht dann das Telefon, ob zu der übermittelten Rufnummer ein Eintrag im Telefonbuch vorhanden ist. Wenn dies der Fall ist, wird im Display nicht die Nummer des Anrufers angezeigt, sondern dessen Namen.

Auf Wunsch kann die Übermittlung der Rufnummer zum Angerufenen unterdrückt werden. Dieses Leistungsmerkmal wird mit CLIR abgekürzt. In diesem Fall bekommt man an einem für CLIP vorgesehenen Anschluß die Rufnummer nicht angezeigt. Im Display erscheint, je nach Telefon, ein Folge von

Kreuzen „XXXXXXXXXXXXXX“ oder die Meldung „Rufnummer unterdrückt“. Für die Rufnummernunterdrückung stehen die Optionen ständig und fallweise zur Verfügung.

CLIR-ständig muß bei einem ISDN-Anschluß oder für einen neu einzurichtenden herkömmlichen Telefonanschluß bei der Antragstellung (oder nachträglich unter der Telefonnummer 01114) beantragt werden. Bei herkömmlichen Telefonanschlüssen, die vor dem 15.01.1998 bereits existiert haben, ist derzeit CLIR-ständig standardmäßig eingerichtet. Wie bereits erwähnt, kann man in diesem Fall, wenn man dies möchte, die Übermittlung der Rufnummer freischalten lassen.

Bei CLIR-fallweise wählt der Anrufer vor der Eingabe einer Rufnummer am Endgerät aus, ob er für den folgenden Anruf eine Unterdrückung der Rufnummer wünscht. Dies geschieht je nach Endgerät über einen dafür vorgesehenen Menüpunkt oder über eine Tastenkombination in Verbindung mit der Stern- und der Raute-Taste. Nach Auflegen des Hörers wird die fallweise Unterdrükkung der Rufnummer automatisch wieder zurückgesetzt.

9.2.7 Sperre

Mit einer Sperre können Sie verhindern, daß jemand Ihren Telefonanschluß benutzt, während Sie z.B. in Urlaub oder einfach nur außer Haus sind. Es gibt zwei Arten der Sperre:

- Feste Anschlußsperre
- Veränderbare Anschlußsperre

Die feste Anschlußsperre wird von der Telekom eingerichtet. Sie wird als zeitlich befristete oder als unbefristete Sperre angeboten. Der Kunde kann dabei den Anschluß sowohl für abgehende Gespräche, als auch für ankommende Gespräche sperren lassen. Für abgehende Verbindungen kann eine Sperre auch entsprechend den Sperrklassen (siehe weiter unten) beantragt werden.

Eine veränderbare Anschlußsperre richtet sich der Teilnehmer durch Eingabe einer Tastenkombination selbst ein. Es handelt sich dabei um eine abgehende Sperre, d.h. ankommende Gespräche können bei aktivierter Sperre wie gewohnt entgegengenommen werden. Zum Aktivieren und zum Aufheben der Sperre benutzt man eine 4stellige Geheimzahl (PIN), die man jederzeit ändern kann. Die PIN wird vom System mit 0000 vorbesetzt.

Für abgehende Verbindungen kann eine sog. Sperrklasse angegeben werden. Folgende Sperrklassen stehen zur Verfügung:

- 1: alle abgehende Verbindungen außer den Notrufnummern 110 und 112
- 2: alle abgehende Verbindungen mit Ausnahme des CityCall und den Nummern des Privaten Informationsdienstes* (PID)
- 3: Auslandsverbindungen, beginnend mit 00
- 4: Interkontinentalverbindungen, beginnend mit 0012 bis 0019, 002 und 005 bis 009
- 5: PID
- 6: Fernverbindungen und PID
- 7: Auslandsverbindungen und PID
- 8: Interkontinentalverbindungen und PID

Anmerkung: In manchen Broschüren wird für die Sperrklasse der Audruck Verkehrseinschränkungsklasse, kurz VKL, benutzt. Die einzelnen Sperrklassen heißen dann VKL 1, VKL 2 usw.

9.2.8 Verbindung ohne Wahl

Hierbei programmieren Sie eine Rufnummer ein, die von der Vermittlungsstelle (TVSt) gespeichert wird. Sobald jemand den Hörer abnimmt und in den ersten 5 Sekunden keine Nummer wählt, wird von der TVSt automatisch eine Verbindung zu dem Teilnehmer aufgebaut, dessen Nummer einprogrammiert ist. Kinderleicht zu bedienen, oder? Dieses Leistungsmerkmal heißt auch Direktruf, im Englischen wird es „baby call" bezeichnet.

9.2.9 T-Net-Box

„Ihre T-Net-Box ist der unsichtbare, leistungsfähige Anrufbeantworter im modernen digitalen T-Net der Deutschen Telekom." So lautet der erste Satz in der Bedienungsanleitung zur T-Net-Box. Es handelt sich bei der T-Net-Box also um einen Anrufbeantworter, der von der Telekom für deren Telefonkunden zur Verfügung gestellt wird. Die T-Net-Box kann aber weit mehr als nur Anrufe beantworten. Ich fasse die Leistungen einmal in einer Aufzählung zusammen:

* Die Rufnummern des Privaten Informationsdienstes (PID) beginnen zur Zeit alle mit 0190. Ich schreibe hier bewußt „zur Zeit", weil es sein kann, daß sich die Vorwahl für diesen Dienst irgendwann ändert. Der Grund dafür ist, daß die sog. 1er-Gasse von der Telekom für andere Telefonanbieter freigemacht werden muß. Aus dem gleichen Grund werden nach und nach auch die 0130er-Nummern (freecall) durch 0800er-Nummern ersetzt.

- Sie können ohne lästige Formulare Ihre persönliche T-Net-Box mit Hilfe eines mehrfrequenzfähigen Telefons einrichten. Sie haben dann die Möglichkeit, einen Begrüßungstext für die Ansage aufzusprechen. Zur Abfrage der hinterlassenen Nachrichten und für weitere Funktionen benutzen Sie eine 4 bis 10stellige PIN, die beim Einrichten der Box eingegeben wird und jederzeit geändert werden kann.

- Die Box kann auf zwei Arten betrieben werden: Im Anrufbeantworterbetrieb zeichnet die T-Net-Box gesprochene Nachrichten und Faxe auf, und im Ansagebetrieb bekommt der Anrufer eine Ansage mitgeteilt, wobei er keine Möglichkeit hat, eine Nachricht zu hinterlassen.

- Der Anrufbeantworter der T-Net-Box übernimmt einen Anruf, je nach Wunsch sofort, nach dem fünften Klingeln oder wenn Sie gerade telefonieren, mit anderen Worten, wenn Ihr Anschluß besetzt ist. Jedem Teilnehmer steht dabei eine Kapazität von 30 Nachrichten à zwei Minuten zur Verfügung.

- Wie bereits erwähnt nimmt die T-Net-Box auch Faxe entgegen. Die Faxnachrichten können dann mit jedem beliebigen Faxgerät (zu Hause, im Büro oder bei Bekannten), bzw. von jedem PC mit Faxmöglichkeit, abgerufen werden. Dieses Leistungsmerkmal ist besonders interessant für Leute, die kein eigenes Faxgerät besitzen und mit dem PC „Faxen machen". Die T-Net-Box empfängt die Faxnachrichten und bei der nächsten Sitzung am PC können diese bequem abgerufen werden. Man ist also jederzeit per Fax erreichbar, ohne daß der PC immer angeschaltet sein muß. Die Aufnahmekapazität: maximal 30 Faxnachrichten à 10 DIN A4-Seiten.

- Sie können statt eines „normalen" Anrufbeantworters sog. Family-Boxen einrichten. Dabei erhält jedes Familienmitglied sozusagen seinen eigenen Anrufbeantworter mit eigener PIN. Es können bis zu neun Family-Boxen eingerichtet werden, wobei es auch möglich ist, eine Nachricht für alle Familienmitglieder zu hinterlassen. Die Auswahl der Family-Boxen geschieht über die Tasten 1 bis 9. Ein Ansagetext für die T-Net-Box könnte dann z.B. wie folgt lauten: „Hier ist der unsichtbare, leistungsfähige Anrufbeantworter der Familie Zitt/Helle. Wenn Du Hubert eine Nachricht hinterlassen willst, drücke bitte die 1, für Ulrike drücke die 2, für Jonas die 3 und für Robin die 4. Falls Du eine Nachricht hinterlassen willst, die uns alle angeht, spricht bitte nach dem Signalton."

- Die T-Net-Box kann von jedem Telefon (oder Handy) aus abgefragt werden, wobei eine Abfrage vom eigenen Anschluß aus unkomplizierter ist.

Dies liegt daran, daß die Box aufgrund der Übermittlung der Rufnummer direkt erkennt, um welchen Teilnehmer es sich handelt.

- Sie können die T-Net-Box so konfigurieren, daß sie Sie informiert, wenn eine Nachricht eingegangen ist. Dies geschieht durch einen Anruf, dessen Zielnummer Sie eingeben. Dabei gibt es die Möglichkeit, die Nummer eines normalen Anschlusses, eines Handys oder eines Pagers (z.B. Scall oder Cityruf) anzugeben. Die Telekom stellt mit dem T-Net-Box Infofix sogar einen speziellen Pager zur Verfügung, der eigens zum Informieren eingegangener Nachrichten in der T-Net-Box konzipiert wurde. Für diesen Pager gilt ein Sondertarif. Nach Wunsch können Sie für die Benachrichtigung auch ein Zeitfenster angeben, in dem die T-Net-Box Sie erreichen kann, z.B. Werktags zwischen 18 Uhr und 22 Uhr und am Wochenende zwischen 10 Uhr und 21 Uhr.

- Die T-Net-Box kann jederzeit wieder gelöscht werden.

Die Bedienung der T-Net-Box ist zwar nicht kompliziert, aber wegen der vielen Möglichkeiten ist eine vollständige Beschreibung sehr umfangreich. Aus diesem Grund habe ich im Kapitel 9.6 darauf verzichtet, die Bedienung der T-Net-Box zu beschreiben. Ich verweise an dieser Stelle auf eine ca. 50seitige Broschüre, die im T-Punkt erhältlich ist und die man (zumindest zur Zeit) kostenlos und ohne extra Aufforderung zugeschickt bekommt, nachdem man sich eine T-Net-Box eingerichtet hat.

Um eine T-Net-Box einzurichten, wählen Sie von dem Anschluß aus, für den Sie die Box einrichten wollen, die Nummer 0130/144770. Die Box erkennt aufgrund der Übermittlung der Rufnummer, um welchen Anschluß es sich handelt. Sobald Sie verbunden sind, werden Sie per Sprachansagen weitergeführt.

Falls Sie an weiteren Informationen zur T-Net-Box interessiert sind, rufen Sie die kostenlose Hotline an, 0800/3304747.

9.2.10 Telefonrechnung und Einzelverbindungsübersicht

Telefonrechnung und Einzelverbindungsübersicht sind keine Leistungsmerkmale des T-Net im üblichen Sinne, dennoch sind auch in Bezug auf die Kostenabrechnung durch die Digitalisierung der Vermittlungsstellen viele Dinge möglich geworden, die es früher nicht gab.

Eine Telefonrechnung bekommt man leider bei allen Anschlußarten, ob analoger T-Net-Anschluß oder T-Net-ISDN. Was bei ISDN schon seit je her Standard war, hat sich nun auch bei einem herkömmlichen Anschluß durchgesetzt. Ich meine die detaillierte Standardrechnung. Dabei werden die anfallenden Gebühren bei jeder Rechnung nach Tarifbereichen und/oder Sonderdiensten, wie z.B. T-Online, aufgeschlüsselt.

Die zweite Varianten, wie Sie Ihre Gebühren präsentiert bekommen können, ist die detaillierte Spezialrechnung. Dabei werden alle abgehenden Verbindungen mit Datum, Beginn, Dauer, Zielnummer usw. aufgelistet. Sie bekommen also eine Einzelverbindungsübersicht.

Sollten Sie eine detailliertere Abrechnung benötigen oder wollen, so können sie dies im T-Punkt beantragen. Sie bekommen dann, auf einer zur Rechnung beiliegenden Liste, jedes abgehende Gespräch einzeln aufgeführt. Auf dieser Einzelverbindungsübersicht werden zu jedem Telefonat (oder Faxübertragung oder was auch immer) folgende Informationen angegeben:

- Datum
- Beginn
- Dauer
- Zielnummer (Auf Wunsch können die letzten drei Ziffern weggelassen werden)
- Zielortsnetz oder Name des Landes
- Tarifart (z.B. CityCall Freizeit oder RegioCall Vormittag)
- Gegebenenfalls Sonderleistungen wie z.B. Konferenzschaltungen
- Anzahl der Tarifeinheiten
- Betrag in DM

Eine Einzelverbindungsübersicht muß aus Datenschutzgründen schriftlich beantragt werden. Den Antrag müssen alle Personen, die den Anschluß benutzen und älter sind als 18 Jahre, unterschreiben.

9.3 Preise für die T-Net-Leistungen

Wie reden in diesem Kapitel von einem „normalen" Telefonanschluß. Sie zahlen also sowieso die monatlichen Grundgebühren, die Einheiten und evtl. Miete für Endgeräte. Die Bereitstellung der Leistungen Anklopfen, Rückfrage, Makeln und Dreierkonferenz kostet (zumindest zur Zeit, also 1999) keine festen monatlichen Gebühren. Für die von Ihnen aufgebauten Verbindungen bei

Rückfrage und Makeln zahlen Sie die üblichen Verbindungspreise. Für die Nutzung der Dreierkonferenz wird Ihnen ein Konferenzzuschlag berechnet.

Die Übermittlung der Rufnummer (CLIP) ist kostenlos.

Für eine detaillierte Rechnung wird (zur Zeit) ein einmaliger Betrag berechnet. Die weiteren Leistungen kosten monatliche Grundgebühren.

Verlassen Sie sich besser nicht darauf, daß die hier genannten Informationen noch Gültigkeit haben, wenn Sie dieses Buch lesen. Durch die Konkurrenz kommt es laufend und oft sehr kurzfristig zu Änderungen der Tarife. Die aktuellen Preise für den Telefonanbieter Telekom erfahren Sie unter der Info-Hotline 01114, im T-Punkt oder über den Internet-Server der Telekom (www.telekom.de oder www.dtag.de)

9.4 Voraussetzungen für die Nutzung der T-Net-Leistungen

Einige der neuen Leistungsmerkmale des T-Net können Sie ohne besondere Hardware nutzen. Voraussetzung ist allerdings, daß Sie ein Telefon mit Mehrfrequenzwahlverfahren benutzen. Hier haben übrigens auch die beiden Tasten Stern „*“ und Raute „#“ eine Bedeutung.

Für Rückfrage, Makeln und Dreierkonferenz benötigen Sie ein Telefon mit einer R-Taste (Rückfrage-Taste) mit Hook-Flash-Funktion oder ein bißchen Gefühl im Zeigefinger.

Was ist ein Hook-Flash?

In den USA ist Anklopfen, sowie Rückfrage und Makeln schon seit Jahren nichts besonderes mehr. Wenn jemand während eines Gesprächs am Telefon anklopft, drückt die Amerikanerin oder der Amerikaner kurz auf die Gabel und hat damit zu dem anderen Teilnehmer umgeschaltet. Es wird durch kurzes „manuelles“ Unterbrechen der Verbindung also ein Flash erzeugt. Der Flash wurde bereits im Kapitel 5.1 im Abschnitt „Die Funktion der R-Taste“ erklärt. Man gibt damit der Vermittlungsstelle (oder auch einer Telefonanlage) bekannt, daß man etwas von ihr will. Das englische Wort „hook“ heißt eigentlich Haken, es wird jedoch auch für die Gabel des Telefons benutzt. So entstand wohl die Bezeichnung Hook-Flash.

Die deutschen Vermittlungsstellen reagieren etwas penibler auf einen Hook-Flash als die amerikanischen. Drückt man nämlich die Gabel zu lange, wird die Verbindung unterbrochen. Bei zu kurzem Drücken wird der Hook-Flash nicht erkannt. Aus diesem Grund kann die Hook-Flash-Funktion bei neueren Telefonen durch Drücken der R-Taste erzeugt werden. Ob Ihr Telefon bereits für die Hook-Flash-Funktion ausgelegt ist, können Sie der zugehörigen Bedienungsanleitung entnehmen.

Ein Hook-Flash wird von der Vermittlungsstelle als solcher erkannt, wenn die Verbindung zwischen 170 ms und 310 ms unterbrochen war. Die Länge eines normalen Flash dauert übrigens ca. 80 bis 100 ms und wird vorwiegend zur Steuerung von Telefonanlagen benutzt.

Mit etwas Übung können Sie einen Hook-Flash auch durch kurzes Drücken der Gabel erzeugen und können so auch mit einem etwas älteren Telefon makeln und eine Dreierkonferenz schalten.

Hinweis:
Wenn Sie die Leistungen Rückfrage, Makeln und Dreierkonferenz beantragt haben, wenn die Vermittlungsstelle von Ihrem Anschluß also einen Hook-Flash akzeptiert, dann müssen Sie zwischen zwei Telefongesprächen den Hörer für mindestens eine halbe Sekunde auflegen bzw. die Gabel heruntergedrückt halten. Wenn Sie zwischen zwei Gesprächen die Verbindung nicht lange genug unterbrechen, interpretiert die Vermittlungsstelle dies als Hook-Flash und nicht als Auflegen.

9.5 Bereitstellung der T-Net-Leistungen

Um die im Kapitel 9.2 genannten Leistungsmerkmale nutzen zu können, muß die Telekom diese Dienste für Ihren Anschluß freischalten. Die meisten Leistungen können Sie einfach telefonisch unter der 01114 beantragen. Nur in bestimmten Fällen (z.B. wegen dem Datenschutz bei einer Einzelverbindungsübersicht) müssen Sie einen schriftlichen Antrag stellen.

Wenn Sie umziehen, ist es sicherlich sinnvoll, beim An- oder Ummelden eines Telefonanschlusses die gewünschten Leistungen gleich mit anzugeben. Entsprechende Einträge finden Sie auf dem Telefonantrag unter dem Stichwort Komfortleistungen. Bedenken Sie, daß bei einem neuen Telefonanschluß die Übermittlung der Rufnummer standardmäßig freigeschaltet wird. Wenn Sie dies nicht wollen, wird Ihnen auf Antrag CLIR-ständig (siehe Kapitel 9.2.6) entgeltfrei eingerichtet.

9.6 Bedienungsanleitung für die T-Net-Leistungen

Hier will ich erklären, wie man mit einem analogen Telefon die im Kapitel 9.2 beschriebenen Leistungen, wie Makeln, Dreierkonferenz usw. nutzen kann. Wie im Kapitel 9.4 beschrieben, ist die Voraussetzung hierfür ein Telefon mit Mehrfrequenzwahlverfahren und für einige Leistungsmerkmale eine R-Taste mit Hook-Flash-Funktion bzw. etwas Geschick für kurzes Drücken (ca. ¼ Sekunde) der Hörergabel.

9.6.1 Anklopfen

Sie können die Funktion Anklopfen an- bzw. abschalten.

Einschalten

- Hörer abnehmen
- Wähltonabwarten
- *43# wählen
- Ansage abwarten („Die Umschaltung ist ausgeführt")
- Hörer auflegen

Ausschalten

- Hörer abnehmen
- Wählton abwarten
- #43# wählen
- Ansage abwarten („Die Umschaltung ist ausgeführt")
- Hörer auflegen

Annehmen, ohne daß die erste Verbindung unterbrochen wird

Sie telefonieren und bekommen akustisch signalisiert, daß jemand anklopft. Sie haben 30 Sekunden Zeit den Anruf anzunehmen.

- R-Taste drücken oder Gabel kurz herunterdrücken (Hook-Flash)
- Sonderwählton abwarten
- 2 drücken

Die erste Verbindung wird nun gehalten, die zweite ist aktiv (siehe auch 9.6.3 Makeln).

Annehmen bei Beenden der ersten Verbindung

Sie telefonieren und bekommen akustisch signalisiert, daß jemand anklopft.

- Sie legen in den nächsten 30 Sekunden den Hörer auf.
- Das Telefon klingelt.
- Sie nehmen den Anruf an.

Abweisen des „Anklopfenden"
Sie telefonieren und bekommen akustisch signalisiert, daß jemand anklopft. Sie wollen aber nicht gestört werden und deshalb den anklopfenden Teilnehmer abweisen.

- R-Taste drücken oder Gabel kurz herunterdrücken (Hook-Flash)
- Sonderwählton abwarten
- 0 drücken

Der „Anklopfton" verstummt und der Anklopfende erhält den Besetztton.

Hinweis
Bei einer Daten- oder Faxübertragung kann es zu Störungen kommen, wenn in dieser Zeit jemand anklopft. Für DFÜ-Sitzungen und an Faxanschlüssen sollten Sie deshalb den Dienst Anklopfen nicht einschalten.

9.6.2 Rückfrage

Sie telefonieren und wollen einen anderen Teilnehmer anrufen, ohne daß die Verbindung zum ersten Teilnehmer unterbrochen wird.

- R-Taste drücken oder Gabel kurz herunterdrücken (Hook-Flash)
- Sonderwählton abwarten
- Nummer des zweiten Teilnehmers eingeben

Die Verbindung zum ersten Teilnehmer wird gehalten.

9.6.3 Makeln

Es bestehen bereits durch Anklopfen oder Rückfrage zwei Verbindungen. Eine davon ist aktiv, die andere wird gehalten. Sie wollen makeln:

- R-Taste drücken oder Gabel kurz herunterdrücken (Hook-Flash)
- Sonderwählton abwarten
- 2 drücken

Dies kann, solange keiner der Teilnehmer die Verbindung beendet, beliebig oft wiederholt werden.

Beenden einer Verbindung

Um eine Verbindung zu beenden, gehen Sie wie folgt vor:

- die Verbindung, die beendet werden soll, aktiv schalten
- R-Taste drücken oder Gabel kurz herunterdrücken (Hook-Flash)
- Sonderwählton abwarten
- 1 drücken

Danach haben sie den anderen Teilnehmer automatisch wieder in der Leitung.

Falls Sie beim Makeln oder bei einer Rückfrage den Hörer auflegen und es wird von der Vermittlungsstelle noch ein Gespräch gehalten, läutet Ihr Telefon kurz nach dem Auflegen des Hörers ca. dreimal. Wenn Sie dann den Hörer abheben, sind Sie direkt mit dem (armen vergessenen) Teilnehmer verbunden. Heben Sie in dieser Zeit den Hörer nicht ab, wird die Verbindung (mit dem armen vergessenen Teilnehmer) unterbrochen.

9.6.4 Dreierkonferenz

Einleiten

Es bestehen bereits durch Anklopfen oder Rückfrage zwei Verbindungen. Eine davon ist aktiv, die andere wird gehalten. Sie wollen eine Dreierkonferenz schalten.

- R-Taste drücken oder Gabel kurz herunterdrücken (Hook-Flash)
- Sonderwählton abwarten
- 3 drücken

Beenden

Die drei Gesprächspartner sind zusammengeschaltet. Um die Konferenz zu beenden, ohne die Verbindungen zu unterbrechen, können Sie wieder makeln, also:

- R-Taste drücken oder Gabel kurz herunterdrücken (Hook-Flash)
- Sonderwählton abwarten
- 2 drücken

Der eine Teilnehmer ist jetzt wieder in der Warteschleife, die andere Verbindung ist aktiv.

9.6.5 Anrufweiterschaltung (Rufumleitung)

Mit den folgenden Prozeduren kann eine Anrufweiterschaltung (AWS) aktiviert bzw. deaktiviert werden.

Einschalten

- Hörer abnehmen
- Wählton abwarten
- *21* für AWS sofort
- *61* für AWS nach 15 Sekunden
- *67* für AWS bei besetzt.
- Zielnummer eingeben
- # drücken
- Ansage abwarten („Die Umschaltung ist ausgeführt“)
- Hörer auflegen

Ausschalten

- Hörer abnehmen
- Wählton abwarten
- #21# für AWS sofort
- #61# für AWS nach 15 Sekunden
- #67# für AWS bei besetzt.
- Ansage abwarten („Die Umschaltung ist ausgeführt“)
- Hörer auflegen

Hinweise

Bei aktivierter Anrufweiterschaltung hören Sie beim Abheben einen Sonderwählton im Hörer. Dieser soll Sie an die aktivierte Anrufweiterschaltung erinnern.

Durch eine Neueingabe einer Anrufweiterschaltung mit einer anderen Zielnummer wird eine bereits bestehende AWS „überschrieben“.

Die Varianten „AWS nach 15 Sekunden“ und „AWS bei besetzt“ können beide gleichzeitig aktiviert werden, natürlich zu unterschiedlichen Zielnummern.

Abgehende Telefonate sind auch bei einer aktivierten AWS wie gewohnt möglich.

9.6.6 Rückruf bei Besetzt-Status

Sie können das Leistungsmerkmal Rückruf bei Besetzt-Status aktivieren und deaktivieren. Eine Überprüfung, ob ein Rückruf aktiviert wurde, ist ebenfalls möglich.

Aktivieren
- Hörer abnehmen
- Wählton abwarten
- Zielnummer eingeben (Anschluß ist besetzt)
- R-Taste drücken oder Gabel kurz herunterdrücken (Hook-Flash)
- Sonderwählton abwarten
- *37# wählen
- Ansage abwarten („Dienstmerkmal ist aktiviert")
- Hörer auflegen

Deaktivieren
- Hörer abnehmen
- Wählton abwarten
- #37# wählen
- Ansage abwarten („Dienstmerkmal ist deaktiviert")
- Hörer auflegen

Automatischen Rückruf annehmen
Sobald der Angerufene den Hörer aufgelegt hat, läutet bei Ihnen das Telefon.

- Hörer abnehmen
- Der Angerufene wird nun erneut automatisch gerufen und Sie hören den Freiton.
- Wenn der Angerufene sich meldet, wird der automatische Rückruf gelöscht.

Überprüfen der Aktivierung
- Hörer abnehmen
- Wählton abwarten
- *#37# wählen
- Ansage abwarten („Dienstmerkmal ist deaktiviert/deaktiviert")
- Hörer auflegen

Hinweise

Ein automatischer Rückruf bleibt maximal 45 Minuten aktiviert. War innerhalb dieser Zeit kein Rückruf möglich, wird die Aktivierung automatisch gelöscht.

Es kann vorkommen, daß bei einem automatischen Rückruf der Zielanschluß bereits wieder besetzt ist. Dies passiert dann, wenn der Angerufene unmittelbar nach Beenden des Gesprächs wieder telefoniert. Sie erhalten dann natürlich den Besetztton. Legen Sie in dem Fall den Hörer einfach wieder auf, denn der Rückruf bleibt solange aktiviert, bis eine Verbindung zustande gekommen ist oder bis die 45 Minuten vorbei sind.

9.6.7 Fallweise Unterdrückung der Rufnummer

Wenn die Übermittlung der Rufnummer für Ihren Anschluß freigeschaltet ist, können Sie für jedes Gespräch individuell entscheiden, ob die Rufnummer übertragen werden soll. Diese fallweise Unterdrückung der Rufnummer wird für das darauf folgende Gespräch wie folgt initiiert:

- Hörer abnehmen
- Wählton abwarten
- *31# wählen
- Zielnummer eingeben
- Gespräch führen, für das die Übermittlung der Rufnummer unterdrückt wird

Mit dem Auflegen des Hörers nach dem Gespräch wird die Unterdrückung der Rufnummer automatisch wieder zurückgesetzt.

9.6.8 Veränderbare Anschlußsperre

Die Veränderbare Anschlußsperre können Sie selbst ein- bzw. ausschalten. Nach Wunsch können Sie dabei auch eine Sperrklasse angeben. Die Sperre wird mit einer 4stelligen Geheimzahl (PIN) ein- und ausgeschaltet, wobei Sie diese PIN jederzeit ändern können.

Einschalten ohne Angabe einer Sperrklasse

- Hörer abnehmen
- Wählton abwarten
- *33* wählen
- 4stellige PIN eingeben

- # drücken
- Ansage abwarten („Die Umschaltung ist ausgeführt“)
- Hörer auflegen

Einschalten mit Angabe einer Sperrklasse

- Hörer abnehmen
- Wähltón abwarten
- *33* wählen
- 4stellige PIN eingeben
- * drücken
- Nummer der Sperrklasse eingeben (1 bis 8)
- # drücken
- Ansage abwarten („Die Umschaltung ist ausgeführt“)
- Hörer auflegen

Ausschalten

- Hörer abnehmen
- Wählton abwarten
- #33* wählen
- 4stellige PIN eingeben
- # drücken
- Ansage abwarten („Die Umschaltung ist ausgeführt“)
- Hörer auflegen

Geheimzahl ändern

- Hörer abnehmen
- Wählton abwarten
- *99* wählen
- alte PIN eingeben
- * drücken
- neue PIN eingeben
- * drücken
- neue PIN nochmals eingeben (Sie kennen dies von Paßwörtern)
- # drücken
- Ansage abwarten („Die Umschaltung ist ausgeführt“)
- Hörer auflegen

Hinweise

Vor dem Einrichten Ihrer ersten Sperre sollten Sie die PIN ändern, welche vom System mit 0000 vorbesetzt wird. Geben Sie bei der Prozedur also für die alte PIN 0000 ein.

Folgende Sperrklassen (auch Verkehrseinschränkungsklassen, kurz VKL) stehen zur Verfügung:

1: alle abgehenden Verbindungen außer den Notrufnummern 110 und 112
2: alle abgehenden Verbindungen mit Ausnahme des CityCall und den Nummern des Privaten Informationsdienstes (PID), zur Zeit beginnend mit 0190
3: Auslandsverbindungen, beginnend mit 00
4: Interkontinentalverbindungen, beginnend mit 0012 bis 0019, 002 und 005 bis 009
5: PID
6: Fernverbindungen und PID
7: Auslandsverbindungen und PID
8: Interkontinentalverbindungen und PID

Ohne Angabe einer Sperrklasse wird die Sperre gemäß Sperrklasse 1 eingerichtet.

9.6.9 Verbindung ohne Wahl

Mit den folgenden Prozeduren kann der Dienst „Verbindung ohne Wahl“ aktiviert bzw. deaktiviert werden und die einprogrammierte Nummer kann überprüft werden.

Einschalten

- Hörer abnehmen
- Wählton abwarten
- *53* wählen
- Zielnummer eingeben
- # drücken
- Ansage abwarten („Die Umschaltung ist ausgeführt“)
- Hörer auflegen

Ausschalten

- Hörer abnehmen
- Wählton abwarten
- #53# wählen
- Ansage abwarten („Die Umschaltung ist ausgeführt“)
- Hörer auflegen

Überprüfen der Aktivierung

- Hörer abnehmen
- Wählton abwarten
- *#53# wählen
- Ansage abwarten
  „Die Umschaltung ist ausgeführt“, wenn Verbindung ohne Wahl aktiviert;
  „ISDN-Dienst oder Dienstemerkmal nicht möglich“, wenn nicht aktiviert
- Hörer auflegen

Überprüfen der gespeicherten Zielnummer

- Hörer abnehmen
- Wählton abwarten
- *#53* wählen
- zu überprüfende Zielnummer eingeben
- # drücken
- Ansage abwarten („Die Umschaltung ist ausgeführt“)
- Hörer auflegen

9.6.10 Schnellübersicht zur Nutzung der T-Net-Leistungen

Zur besseren Übersicht werden die Tastenkombinationen zur Nutzung der T-Net-Leistungsmerkmale im folgenden nochmals auf einer Seite zusammengefaßt.

Tabelle 9.1: Schnellübersicht Bedienung der T-Net-Leistungen

Leistungsmerkmal	**Funktion**	**Bedienung am Telefon**
Anklopfen	Einschalten	*43#
	Ausschalten	#43#
	Annehmen	R2
	Abweisen	R0
Rückfrage	Einleiten	R Zielnummer
Makeln	Makeln	R2
	Beenden der aktiven Verbindung	R1
Dreierkonferenz	Einleiten	R3
	Beenden	R2
Anrufweiterschaltung	Einschalten sofort	*21* Zielnummer #
	Einschalten nach 15 Sekunden	*61* Zielnummer #
	Einschalten bei Besetzt-Status	*67* Zielnummer #
	Ausschalten sofort	#21#
	Ausschalten nach 15 Sekunden	#61#
	Ausschalten bei Besetzt-Status	#67#
Rückruf bei Besetzt-Status	Aktivieren (Zielnummer ist besetzt)	*37#
	Deaktivieren	#37#
	Überprüfen der Aktivierung	*#37#
Unterdrückung der Rufnummer	Fallweise, also nur für das folgende Gespräch	*31# Zielnummer
Veränderbare Anschlußsperre	Einschalten ohne Sperrklasse	*33* PIN #
	Einschalten mit Sperrklasse (VKL)	*33* PIN * VKL #
	Ausschalten	#33* PIN #
	PIN ändern	*99* PIN1 * PIN2 * PIN2 #
Verbindung ohne Wahl	Einschalten	*53* Zielnummer #
	Ausschalten	#53#
	Überprüfen der Aktivierung	*#53#
	Überprüfen der gespeicherten Zielnummer	*#53* Zielnummer #

Anmerkung: Das R in der Spalte „Bedienung am Telefon" steht für die R-Taste, also für die Rückfrage-Taste, wobei vorausgesetzt wird, daß durch Drücken dieser Taste ein Hook-Flash initiiert wird. Bei Telefonen, die nicht für einen Hook-Flash programmiert werden können, muß an dieser Stelle kurz (ca. ¼ Sekunde) die Hörergabel gedrückt werden.

Anhang

Abkürzungen aus der Telefonwelt

Akf	Abkürzungsfimmel
1TR6	1. Technische Richtlinie Nr. 6 (Protokoll beim nationalen ISDN)
A/D	Analog/Digital
AMS	Automatischer MehrfachSchalter
APL	Abschlußpunkt des allgemeinen Leitungsnetzes (Übergabepunkt vom Telefonnetz zur eigenen Anlage)
ASCII	American Standard Code for Information Interchange
AWADo	Automatische Wechselschalter-Anschluß-Dose
AWS	AnrufWeiterSchaltung
BaAs	BasisAnschluß (ISDN-Anschluß mit 2 B-Kanälen)
BPS	Bits pro Sekunde (Einheit der Übertragungsgeschwindigkeit bei Daten)
br	braun, Kürzel für Farbcodierung bei Telefon-Anschlußkabeln
BTX	Bildschirmtext
BZT	Bundesamt für Zulassungen in der Telekommunikation
CCITT	Comitée Consultativ International Télégraphique et Téléphonique (heute ITU)
DIN	Deutsches Institut für Normungen
DM	Deutsche Mark (bei Telefonrechnungen)
DTMF	Dual Tone MultiFrequency, andere Bezeichnung für MFV
DTAG	Deutsche Telekom AG
DIVF	Digitale Vermittlungsstelle für den Fernverkehr
DIVO	Digitale Vermittlungsstelle für den Ortsverkehr

DECT	Digital European Cordless Telecommunication
DSS1	Digital Subscriber Signalling system number 1 (Protokoll beim EURO-ISDN)
E	Erde (Signal- bzw. Klemmenbezeichnung bei TAE-Dosen und Telefonen)
EIA	Electronic Industry Association (amerikanisches Institut für Normen)
E-DSS1	European Digital Subscriber Signalling system number 1 (ältere Bezeichnung für das Protokoll beim EURO-ISDN)
EAZ	EndgeräteAuswahlZiffer (beim nationalen ISDN)
EV	EndVerzweiger (alte Bezeichnung für den APL)
EVZ	EndVerZweiger (alte Bezeichnung für den APL)
F	Fernsprechen (bei TAE-Dosen)
Fax	Facsimile
FC	Fast Class (V.-Empfehlung der ITU)
FKS	Fernmelde-Klein-Steckverbindung (Telekom-Bezeichnung für Western-Stecker)
GAP	Generic Access Profile
ge	gelb, Kürzel für Farbcodierung bei Telefon-Anschlußkabeln
gn	grün, Kürzel für Farbcodierung bei Telefon-Anschlußkabeln
gr	grau, Kürzel für Farbcodierung bei Telefon-Anschlußkabeln
HZ	Initialen des Autors dieses Buches
Hz	Hertz (Einheit für Schwingungen pro Sekunde, auch für Bandbreite)
IAE	ISDN-AnschlußEinheit (Anschlußdose für ISDN-Endgeräte)
ISDN	Integrated Services Digital Network (digitales Telefonnetz)
ISO	International Standard Organization (Institut für Normen)
ITU	International Telecommunication Union (Institut für Normen)
ITU/TS	International Telecommunication Union/Telecommunication Standards
IWV	ImpulsWahlVerfahren (Verfahren zum Aufbau einer Telefonverbindung)
La	Bezeichnung für die Ader a des zweiadrigen Telefonanschlusses

Lb	Bezeichnung für die Ader b des zweiadrigen Telefonanschlusses
MFV	MehrFrequenzwahlVerfahren (Verfahren zum Aufbau einer Telefonverbindung)
Modem	Modulator/Demodulator
N	Nicht Fernsprechen (bei TAE-Dosen)
NT	Network Terminal (Übergabepunkt vom ISDN zur eigenen Anlage)
NTBA	Network Terminal (bei einem) ISDN BasisAnschluß
NTPM	Network Terminal (bei einem) ISDN PrimärMultiplexanschluß
PCM	Puls Code Modulation (Modulationsart beim ISDN)
PID	Privater Informationsdienst (Infoservice mit der Vorwahl 0190)
PIN	Personal Identification Number (Geheimzahl, z.B. beim Sperren von Telefonen)
PMxAs	PrimärMultiplexAnschluß (ISDN-Anschluß mit 30 B-Kanälen)
PPA	Passiver PrüfAbschluß (kleines Teil in der ersten TAE-Dose)
R	Rückfrage (z.B. R-Taste am Telefon)
rs	rosa, Kürzel für Farbcodierung bei Telefon-Anschlußkabeln
T-Net	Name für das Telekommunikationsnetz der Telekom
T-Punkt	Bezeichnung für den Beratungs- und Verkaufsladen der Telekom
TAE	TelefonAnschlußEinheit (Anschlußdose für analoge Endgeräte)
TFE	TürFreisprechEinrichtung (Türstelle von Telefonanlagen)
Tk	Telekommunikation (Bsp.: Tk-Anlage)
TVSt	(digitale) TeilnehmerVermittlungsStelle
UAE	UniversalAnschlußEinheit (universelle Telefonanschlußdose)
VKL	VerkehrseinschränkungsKLasse (auch Sperrklasse)
W	Wecker (Signal- bzw. Klemmenbezeichnung bei TAE-Dosen und Telefonen)
ws	weiß, Kürzel für Farbcodierung bei Telefon-Anschlußkabeln
ZZF	Zentralamt für Zulassungen im Fernmeldewesen

Internationale Abkürzungen beim EURO-ISDN

Die Abkürzungen werden auch für die T-Net-Leistungsmerkmale bei einem herkömmlichen Telefonanschluß benutzt, bei dem jedoch nicht alle der hier genannten Leistungen möglich sind.

3PTY Three Party Service
Dreierkonferenz

AOC Advice Of Charge
Übermittlung der Tarifinformationen allgemein

AOCD Advice Of Charge During the call
Übermittlung der Tarifinformationen während und am Ende der Verbindung

AOCE Advice Of Charge at the End of the call
Übermittlung der Tarifinformationen am Ende der Verbindung

CCBS Completion of Calls to Busy Subscriber
Rückruf bei Besetzt-Status

CD Calling Deflection
Verbindung weitervermitteln

CF Call Forwarding
Anrufweiterschaltung (auch Rufumleitung)

CFB Call Forwarding on Busy
Anrufweiterschaltung bei Besetzt-Status

CFNR Call Forwarding No Reply
Anrufweiterschaltung bei nicht melden (nach 15 Sekunden)

CFU Call Forwarding Unconditional
Direkte Anrufweiterschaltung

CLIP Calling Line Identification Presentation
Übermittlung der Rufnummer vom Anrufer zum Angerufenen

CLIR Calling Line Identification Restriction
Unterdrückung der Übermittlung der Rufnummer vom Anrufer zum Angerufenen

COLP Connected Line Identification Presentation
Übermittlung der Rufnummer vom Angerufenen zum Anrufer

COLR Connected Line Identification Restriction
Unterdrückung der Übermittlung der Rufnummer vom Angerufenen zum Anrufer

CONF CONFerence
Große Konferenz mit bis zu 10 Teilnehmern

CT Call Transfer
Anrufweiterschaltung intern (bei Tk-Anlagen)

CUG Closed User Group
Geschlossene Benutzergruppe

CW Call Waiting
Anklopfen

DDI Direct Dialling In
Durchwahl zu Nebenstellen in Tk-Anlagen

ECT Expicit Call Transfer
Vermitteln (auch Umlegen oder Gesprächsübergabe)

HOLD call HOLD
Halten der Verbindung

MCID Malicious Call Identification
Feststellen böswilliger Anrufer

MSN Multiple Subscriber Number
Mehrfachrufnummer

SUB SUBaddressing
Subadressierung

TP Terminal Portability
Umstecken am Bus

UUS1 User-to-User Signalling 1
Teilnehmer zu Teilnehmer Zeichengabe beim Verbindungsauf- und abbau

UUS3 User-to-User Signalling 3
Teilnehmer zu Teilnehmer Zeichengabe während der Verbindung

Glossar

Automatischer Mehrfachschalter (AMS)

Gerät zum Betreiben von mehreren Telefonen an einem Amtsanschluß.

Anklopfen

Komfortleistung des T-Net, Leistungsmerkmal von ISDN. Wenn während eines Gesprächs ein weiterer Teilnehmer anruft, wird dies durch ein akustisches Signal im Hörer (und ein optisches Signal bei ISDN-Telefonen) angezeigt. Man hat dann die Möglichkeit den Anklopfenden anzunehmen oder abzuweisen.

Anrufweiterschaltung (AWS)

Komfortleistung des T-Net, Leistungsmerkmal von ISDN. Bei der Anrufweiterschaltung, auch Rufumleitung, wird ein ankommendes Gespräch wahlweise sofort, nach 15 Sekunden oder bei Besetztton auf einen anderen Telefonanschluß (irgendwo auf der Welt) umgeleitet.

APL

Abschlußpunkt des allgemeinen Leitungsnetzes. Der APL wird von der Telekom (meist im Keller) montiert. Es ist der Übergabepunkt des Telefonnetzes zur eigenen Anlage. Früher hieß der APL Endverzweiger (EV oder EVZ) und war in Glockenform ausgeführt. Heute hat er ein rechteckiges Aussehen.

AT-Befehle

Befehlssatz zur Steuerung von Modems, entwickelt von der Firma Hayes.

AWADo

Automatische Wechselschalter Anschlußdose, Gerät zum Betreiben von mehreren Telefonen an einem Amtsanschluß. Der AWADo wird nicht mehr vermarktet. Neuere Umschalter mit gleicher Funktion heißen Automatische Mehrfachschalter (AMS).

Basisanschluß

ISDN-Anschluß mit 2 B-Kanälen. Der Basisanschluß wurde für private Teilnehmer und Kleinfirmen konzipiert.

Bandbreite
Ein bestimmter Frequenzbereich (Differenz zwischen oberer und unterer Grenzfrequenz). Die Bandbreite macht eine Aussage über die Charakteristik von Übertragungskanälen und wird in Hz bzw. kHz oder MHz angegeben. Beispiele: Analoges Fernsprechen 3,1 kHz, ISDN 7 kHz, UKW-Radio 15 kHz, Fernsehen 5,5 MHz.

Baud
Einheit der Schrittgeschwindigkeit bei der Datenübertragung.

Baudrate
Andere Bezeichnung für Schrittgeschwindigkeit.

Bit
Abkürzung für Binary Digit, binäre Einheit. Bits sind die einzelnen Stellen einer binären Zahl. Ein Bit kann den Wert null oder eins annehmen.

Bit pro Sekunde
Einheit der Übertragungsgeschwindigkeit bei der Übertragung digitaler Signale.

Byte
Eine Folge von 8 Bit, auch Einheit der benötigten Kapazität auf einem Datenträger um ein Zeichen abzuspeichern.

COM-Port
Serielle Schnittstelle eines PCs. Externe Modems werden z.B. an einen COM-Port angeschlossen.

Data Carrier Equipment
Häufig benutzter Ausdruck in der Literatur für ein Modem.

Data Terminal Equipment
Im Zusammenhang mit DFÜ in der Literatur häufig benutzter Ausdruck für einen Rechner.

Datenendeinrichtung
Im Zusammenhang mit DFÜ in der Literatur häufig benutzter Ausdruck für einen Rechner.

Datenfernübertragung
Im allgemeinen versteht man darunter die Übertragung von Computerdaten über eine größere Distanz.

Datenübertragungseinrichtung
Häufig benutzter Ausdruck in der Literatur für ein Modem.

Digitales Signal
Signal, bei dem nur diskrete Zustände erlaubt sind.

Doppelader
Kurzbezeichnung für die beiden Adern eines Telefonkabels bei einem Telefonanschluß.

Dreierkonferenz
Komfortleistung des T-Net, Leistungsmerkmal von ISDN. Bei einer Dreierkonferenz sind drei Telefonteilnehmer miteinander verbunden. Dabei kann jeder mit jedem reden.

Duplex
Auch Vollduplex, Betriebsart bei der DFÜ, bei der die Daten gleichzeitig in beide Richtungen übertragen werden können.

Einzelverbindungsübersicht
Komfortleistung des T-Net, Komfortleistung von ISDN. Bei der Einzelverbindungsübersicht erhalten Sie zur Telefonrechnung einer Liste mit Rufnummer, Datum, Uhrzeit und Dauer jeder abgehenden Verbindung für den in der Rechnung aufgeführten Bezeichnungszeitraum.

EURO-ISDN
Ende 1993 vorgestelltes Verfahren der digitalen Telefonie. EURO-ISDN unterscheidet sich vom älteren nationalen ISDN durch das D-Kanal-Protokoll. Im heutigen Sprachgebrauch ist mit ISDN eigentlich immer EURO-ISDN gemeint.

Externgespräch
Im Gegensatz zum Interngespräch bei Telefonanlagen ist ein Externgespräch eine Telefonverbindung über eine Vermittlungsstelle der Telekom.

Fax-Modem

Modem mit der Fähigkeit, Faxnachrichten zu senden und zu empfangen.

Faxgruppen

Unterschiedliche Standards bei Faxgeräten. Gruppe 3 ist der zur Zeit gängige Standard für analoge Faxgeräte, Gruppe 4 sind digitale Faxgeräte im ISDN.

Faxklassen

Unterschiedliche Standards bei Fax-Modems. Zur Zeit ist Klasse 2 der gängige Standard.

Faxumschalter

Gerät zum Erkennen eines Faxanrufs. Mit einem Faxumschalter kann ein Faxgerät und ein Telefon an ein und dem selben analogen Telefonanschluß betrieben werden.

Firmware

Die (z.B. in einer Telefonanlage oder in einem Faxgerät) eingebaute Software des Herstellers.

Flash

Im Zusammenhang mit Telefonanlagen eine kurze Unterbrechung der Verbindung zur Anlage. Mit einem Flash gibt man der Anlage bekannt, daß man etwas von ihr will. Üblicherweise ist die R-Taste des Telefons mit der Flash-Funktion belegt. Durch Drücken der R-Taste kann ein Gespräch z.B. weiterverbunden werden.

Türfreisprecheinrichtung (TFE)

Bezeichnung für die Türsprechstelle bei Nebenstellenanlagen. Telefonanlagen mit TFE sind zum „Telefonieren“ an die Haustür und zum Öffnen der Haustür vorgesehen.

Gebührenimpulse

Methode zur Übermittlung der Einheiten zum Teilnehmer eines herkömmlichen Telefonanschlusses. Nach jeder Tarifeinheit wird dabei ein kurzer 16 kHz Impuls gesendet, der vom Gebührenzähler ausgewertet wird.

Halbduplex

Betriebsart bei der DFÜ, bei der Daten in beide Richtungen übertragen werden können, jedoch nicht gleichzeitig (wie beim Funken).

Hardware

Sammelberiff für Geräte aller Art, in Deutschland versteht man darunter meistens Computerelemente.

Hayes-Befehle

siehe AT-Befehle

Hertz (Hz)

Einheit für Schwingungen pro Sekunde und für die Bandbreite.

Hook-Flash

Langer Flash (ca. 300 ms) zur Nutzung der neuen Leistungsmerkmale des T-Net. Bei neueren analogen Telefonen kann die R-Taste so programmiert werden, daß beim Drücken ein Hook-Flash ausgeführt wird. Der Hook-Flash kann auch durch kurzes Drücken der Hörergabel erzeugt werden. Dabei wird er als solcher erkannt, wenn die Verbindung zur Vermittlungsstelle zwischen 170 ms und 310 ms unterbrochen war.

Hotline

Rufnummer zum Abruf von Informationen oder Hilfestellungen, z.B. bei Problemen mit Geräten oder Anwendersoftware.

Impulswahlverfahren (IWV)

Wahlverfahren beim Telefonieren, bei dem die Informationen bezüglich der gewünschten Rufnummer in Form von Rechteckimpulsen zur Vermittlungsstelle übertragen werden.

Interngespräch

Telefongespräch von einer Nebenstelle einer Telefonanlage zur anderen, solche Gespräche sind gebührenfrei.

Internkonferenz

Konferenzschaltung von mehreren Nebenstellen einer Telefonanlage.

Kopfzeile

Statuszeile einer Faxnachricht, die auf der Empfangsseite vor den eigentlichen Faxdaten ausgedruckt wird.

Makeln

Komfortleistung des T-Net, Leistungsmerkmal von ISDN. Beim Makeln kann man beliebig oft zwischen zwei Telefonverbindungen hin- und herschalten, ohne daß dabei eine Verbindung unterbrochen wird. Es ist jedoch immer nur eine Verbindung aktiv, die andere wird gehalten.

Mehrfrequenzwahlverfahren (MFV)

Wahlverfahren beim Telefonieren, bei dem die Informationen bezüglich der gewünschten Rufnummer in Form von Tönen mit verschiedenen Frequenzen zur Vermittlungsstelle übertragen werden.

Modem

Kunstwort, zusammengesetzt aus MOdulator und DEModulator, Gerät zur Datenfernübertragung an einem analogen Telefonanschluß.

Modemkabel

Kabel zum Anschluß eines Modems an die serielle Schnittstelle eines Rechners. Häufig werden auch Telefonanlagen mit einem Modemkabel an die seriellen Schnittstelle des PCs angeschlossen.

Multi-Gerät

Salopp für ein Multifunktionsgerät zur Nutzung mehrerer Telekommunikationsdienste, z.B. Faxen und Telefonieren.

Multimedia

Ein Konzept, mit welchem Informationen verschiedener Medien (Bild, Video, Ton, Text) zusammengefaßt und verarbeitet werden.

music on hold

Musik, die man bei einem Telefongespräch hört, wenn die Verbindung gehalten wird bzw. wenn man sich in einer Warteschleife befindet. Bei manchen Telefonanlagen kann man eine von vorgegebenen Melodien auswählen, um den Telefonpartner z.B. beim Weiterverbinden zu unterhalten.

Nationales ISDN
Älterer Standard von ISDN, der voraussichtlich im Jahre 2000 außer Betrieb genommen wird. Der neue ISDN-Standard heißt EURO-ISDN, die Unterschiede liegen im D-Kanal-Protokoll.

Nebenstellenanlage
siehe Telefonanlage

NTBA
Network Terminal Basisanschluß, der Übergabepunkt vom ISDN zum lokalen S_0-Bus. Der NTBA ist ein kleiner grauer Kasten, der bei einem ISDN-Anschluß installiert wird.

Offline
Bezeichnung für den Zustand, wenn ein PC „nicht an der Leitung ist", wenn also keine Verbindung besteht.

Online
Bezeichnung für den Zustand, wenn ein PC „an der Leitung ist", wenn also eine Verbindung besteht. Mit anderen Worten: wenn's Geld kostet.

Parken
Leistungsmerkmal von ISDN. Beim Parken wird ein Gespräch von der Vermittlungsstelle für maximal 3 Minuten gehalten. In dieser Zeit kann ein anderes Gespräch geführt werden oder man kann das Leistungsmerkmal Umstekken am Bus nutzen.

Pick up
Bei Telefonanlagen das Annehmen eines Gesprächs an einem Apparat, an dem der Ruf nicht signalisiert wird.

Primärmultiplexanschluß
ISDN-Anschluß mit 30 B-Kanälen. Der Primärmultiplexanschluß wurde für Großkunden (Institute, Krankenhäuser usw.) konzipiert.

R-Taste
Rückfrage-Taste am Telefon. Je nach Programmierung und Typ des Telefons kann beim Drücken der R-Taste eine Verbindung zur Erde hergestellt werden oder es wird ein Flash oder ein Hook-Flash ausgeführt.

Raute-Taste
#-Taste auf dem Wählblock eines Telefons. Die Raute-Taste hat nur beim Mehrfrequenzwahlverfahren (MFV) eine Funktion, insbesondere dient sie zur Nutzung der Komfortleistungen des T-Net.

Rückfrage
Komfortleistung des T-Net, Leistungsmerkmal von ISDN. Bei einer Rückfrage wird ein Gespräch mit Teilnehmer A geparkt, es wird zur Rückfrage ein Teilnehmer B angerufen und danach wieder zu Teilnehmer A zurückgeschaltet.

Rückruf bei Besetzt-Status
Komfortleistung des T-Net, Leistungsmerkmal von ISDN. Wenn der Anschluß eines Teilnehmers besetzt ist, kann eine bestimmte Prozedur einleitet werden, wobei der Status des anderen Teilnehmers von der Vermittlungsstelle überwacht wird. Sobald die Leitung wieder frei ist, wird man von der Vermittlungsstelle angerufen. Wenn man den Anruf annimmt, wird eine Verbindung zu dem anderen Teilnehmer hergestellt.

Rufumleitung
siehe Anrufweiterschaltung

Schrittgeschwindigkeit
Auch Baudrate, die Schrittgeschwindigkeit gibt an, wie oft sich der Zustand eines digitalen Signals in einer Sekunde ändert.

Sendebericht
Bericht über eine gesendete Faxnachricht. Aus dem Bericht geht die Rufnummer bzw. die Kennung des Empfängers, die Anzahl der Seiten und die Übertragungsdauer hervor. Außerdem enthält der Bericht einen Vermerk, ob bei der Übertragung Fehler aufgetreten sind.

Serielle Schnittstelle
Schnittstelle an einem Rechner zur Ein- und Ausgabe von Daten in serieller Form.

Simplex
Betriebsart bei der DFÜ, bei der die Daten nur in eine Richtungen übertragen werden können (wie bei Radio).

Software

Sammelbegriff für Programme und Daten im EDV-Bereich.

Sperre

Komfortleistung des T-Net, Komfortleistung von ISDN. Bei einer Sperre kann der Telefonanschluß durch Eingabe einer Geheimzahl (PIN) gesperrt werden.

Standardanschluß

Neben Einfach- und Komfortanschluß eine Anschlußart im EURO-ISDN. Einfach-, Standard- und Komfortanschluß unterscheiden sich nur in den im Grundpreis enthaltenen Leistungen. Es gibt keine technischen Unterschiede zwischen den drei Anschlußarten.

Stern-Taste

*-Taste auf dem Wählblock eines Telefons. Die Stern-Taste hat nur beim Mehrfrequenzwahlverfahren (MFV) eine Funktion, insbesondere dient sie zur Nutzung der Komfortleistungen des T-Net.

T-Net

Seit 1995 der Name für das Telekommunikationsnetz der Deutschen Telekom AG.

T-Punkt

Bezeichnung für die Informations-, Beratungs- und Verkaufsläden der Deutschen Telekom.

Telefonanlage

Gerät zum Betreiben mehrerer Telefone mit der Möglichkeit, intern zu telefonieren.

Thermopapier

Hitzeempfindliches Papier z.B. in Faxgeräten. Bei Thermopapier wird zum Beschreiben nur eine Hitzequelle und keine Farbe oder Toner benötigt. Dadurch können die Elemente zum Drucken bei Faxgeräten in relativ kleinen Gehäusen untergebracht werden.

Tk-Anlage

Abkürzung für Telekommunikationsanlage. Ursprünglich war damit eine Telefonanlage für Institute, Krankenhäuser usw. gemeint. Heute werden auch Kleinsttelefonanlagen als Tk-Anlage bezeichnet.

Tonwahl

Andere Bezeichnung für Mehrfrequenzwahlverfahren (MFV).

Übertragungsgeschwindigkeit

Geschwindigkeit, mit der Computerdaten (zumeist über eine Leitung) übertragen werden. Die Einheit der Übertragungsgeschwindigkeit ist BPS (Bit pro Sekunde) oder CPS (Character Per Second).

Übertragungsprotokoll

Bei der Übertragung digitaler Daten eine Vorgabe zur Abwicklung des Datenaustauschs. Das Protokoll beinhaltet unter anderem auch Routinen zur Fehlererkennung.

Verbindung ohne Wahl

Komfortleistung des T-Net, Leistungsmerkmal von ISDN. Bei der Verbindung ohne Wahl (auch Direktruf oder baby call) gibt man der Vermittlungsstelle eine Rufnummer bekannt. Sobald jemand den Hörer des Telefons abnimmt und in den nächsten 5 Sekunden keine Nummer wählt, wird automatisch eine Verbindung mit der einprogrammierten Nummer hergestellt. Verbindung ohne Wahl wurde vorwiegend für Kleinkinder und ältere Personen konzipiert.

Vollduplex

siehe Duplex

W48

Der Klassiker unter den Telefonen, ein (meist schwarzes) Bakelittelefon aus der Nachkriegszeit.

Wahlgeber

Kleines Gerät zum Erzeugen der Frequenzen für das Tonwahlverfahren, besser bekannt unter der Bezeichnung Fernabfrage für Anrufbeantworter.

Wahlverfahren
Methode zum Verbindungsaufbau von Telefonverbindungen. Bei herkömmlichen Anschlüssen funktioniert der Verbindungsaufbau mit dem Impulswahlverfahren (IWV) oder dem Mehrfrequenzwahlverfahren (MFV).

Wecker
Bezeichnung für die Klingel oder den elektronischen Signalgeber von Telefonen.

Western
Amerikanischer Standard für Telefonstecker, der sich in den letzten Jahren in Deutschland auch durchgesetzt hat.

World Wide Web
Internetdienst mit multimedialen Features. Meistens ist das World Wide Web gemeint, wenn vom Internet die Rede ist.

Literatur- und Quellenverzeichnis

Um dieses Buch zu schreiben, habe ich die im folgenden genannte Literatur benutzt. Dabei verstehe ich unter Literatur nicht nur Bücher, sondern auch Informationsbroschüren, Artikel aus Fachmagazinen und Online-Datenquellen.

Bücher

Zitt, Hubert
Die Telekommunikations-Werkstatt
Markt & Technik Buch- und Software-Verlag GmbH, Haar bei München,1996

Zitt, Hubert
ISDN für PC und Telefon
Markt & Technik Buch- und Software-Verlag GmbH, Haar bei München,1997

Paturi, Felix R.
Chronik der Technik, 2. Auflage, 1988
Chronik-Verlag, Dortmund

Lüke, Hans Dieter
Signalübertragung, 6. Auflage, 1995
Springer-Verlag Berlin Heidelberg New York

Jörn, Fritz
Wie schließe ich Telefon, Anrufbeantworter, Fax und Modem selbst an?
Franzis-Verlag, 1995

Grieser Franz / Irlbeck Thomas
Computer-Lexikon, 2. Auflage, 1995
Deutscher Taschenbuch Verlag (dtv)

Linke Markus / Winkler Peter
M&T Computerlexikon
Markt&Technik Buch- und Software-Verlag GmbH, Haar bei München,1998

Informationsbroschüren

Deutsche Telekom AG (Herausgeber)
ISDN in Deutschland, Informationsschrift für Partner der Deutschen Telekom AG
April 1997

Deutsche Telekom AG (Herausgeber)
T-Net-ISDN, Die Leistungen und die Preise.
Februar 1997

Deutsche Telekom AG (Herausgeber)
Bedienungsanleitung für die neuen Komfortleistungen im T-Net.
Mai 1997

Deutsche Telekom AG (Herausgeber)
T-Net- Box Bedienungsanleitung
März 1998

Deutsche Telekom AG (Herausgeber)
Der Katalog
Frühjahr/Sommer 1998

Deutsche Telekom AG (Herausgeber)
Unterrichtsblätter Extra
Von ATM bis ZZK: Begriffe aus der Telekommunikation
Dezember 1995

Online Datenquellen im Internet

Viele nützliche Informationen konnte ich auch online abrufen. Hier einige Adressen, über die Sie an aktuelle Informationen und auch an Software aller Art kommen.

Die wichtigste Internetadresse ist die von meiner Homepage. Dort finden Sie Links zu den meisten hier angegeben Adressen, Leseproben zu meinen ersten beiden Büchern und viele weitere nützliche Informationen. Meine Homepage erreichen Sie unter

http://www.mst.fh-kl.de/~zitt

Einstiegspunkte und Stichwortsuche für deutsche Seiten

http://meta.rrzn.uni-hannover.de (Metasuchmaschine, sucht in Suchmaschinen)
http://www.altavista.de (Altavista für deutsche Seiten)
http://www.entry.de (sucht z.B. alle Server in einer bestimmten Stadt)
http://www.klug-suchen.de
http://www.allesklar.de
http://www.yahoo.de
http://www.dino-online.de
http://www.ask.uni-karlsruhe.de
http://www.aladin.de
http://www.leo.org
http://www.eule.de
http://www.kolibri.de
http://www.excite.de
http://www.fireball.de
http://www.crawler.de
http://www.web.de
http://www.suchen.de
http://www.rz.uni-karlsruhe.de/Outerspace/VirtualLibrary/index.html
http://www.paperball.de (tagesaktuelle Artikel aus über 50 deutschen Zeitungen)

Internationale Suchmaschinen

http://www.metacrawler.com (Metasuchmaschine, sucht in Suchmaschinen)
http://altavista.digital.com (Länderauswahl möglich)
http://www.excite.com
http://www.hotbot.com
http://www.lycos.com
http://www.yahoo.com
http://www.infoseek.com

Informationen zu den Themen des Buches

http://www.franzis.de	Franzis' Verlag
http://www.t-online.de	T-Online im Internet
http://www.telekom.de	Deutsche Telekom AG
http://www.dtag.de	Deutsche Telekom AG
news:de.comm.*	deutsche Newsgruppen zum Thema Telekommunikation

FTP-Softwaresuche

http://www.ask.uni-karlsruhe.de/asksina2/forms/WWW_Sina.html
http://www.archie.de

Server von Fachmagazinen

http://www.connect-online.de	Connect
http://www.elektroniknet.de	Elektronik, Funkschau und mehr
http://www.chip.de	Chip
http://www.ix.de	c't, IX
http://www.pconline.de	PC-Online
http://www.pcpraxis.de	PC Praxis
http://www.pcdirekt.de	PC direkt, PC Professionell
http://www.pcwelt.de	PC-Welt

Server von Firmen aus der Telefon- und ISDN-Branche

http://www.ackermann.de
http://www.acotec.de
http://www.agfeo.de
http://www.ascom.de
http://www.avm.de
http://www.bintec.de
http://www.creatix.de
http://www.diehl.de
http://www.elsa.de
http://www.hagenuk.de
http://www.mmtrend.de
http://www.telekom.de
http://www.teles.de
http://www.tkr.de

Sachverzeichnis

F

G

H

N

O

P

R

S